卓越农林人才培养实验实训实习教材

兽医药理学实验

主　编

魏述永　林居纯　陈　琳

副主编

陈红伟　周　洋　陈朝喜　王立琦

编写人员

王立琦	（贵州大学）
王秀君	（河南牧业经济学院）
刘晓强	（西北农林科技大学）
宋旭琴	（贵州大学）
吴俊伟	（西南大学）
张龙祥	（西南大学）
林居纯	（四川农业大学）
陈红伟	（西南大学）
陈　琳	（江苏农牧科技职业学院）
陈朝喜	（西南民族大学）
周　洋	（西南大学）
杨洪早	（西南大学）
杨　剑	（贵州大学）
谢三磊	（西南大学）
魏述永	（西南大学）

西南大学出版社

国家一级出版社　全国百佳图书出版单位

图书在版编目（CIP）数据

兽医药理学实验 / 魏述永, 林居纯, 陈琳主编. --重庆：西南大学出版社, 2024.4
ISBN 978-7-5697-2121-8

Ⅰ.①兽… Ⅱ.①魏… ②林… ③陈… Ⅲ.①兽医学—药理学—实验—高等学校—教材 Ⅳ.①S859.7-33

中国国家版本馆CIP数据核字(2024)第051768号

兽医药理学实验

主编　魏述永　林居纯　陈　琳

| 责任编辑：杨光明 |
| 责任校对：鲁　欣 |
| 装帧设计：观止堂_朱　璇 |
| 排　　版：杜霖森 |
| 出版发行：西南大学出版社（原西南师范大学出版社） |
| 印　　刷：重庆亘鑫印务有限公司 |
| 成品尺寸：195 mm×255 mm |
| 印　　张：10.25 |
| 字　　数：200千字 |
| 版　　次：2024年4月 第1版 |
| 印　　次：2024年4月 第1次印刷 |
| 书　　号：ISBN 978-7-5697-2121-8 |
| 定　　价：35.00元 |

总序

2014年9月,教育部、农业部(现农业农村部)、国家林业局(现国家林业和草原局)批准西南大学动物科学专业、动物医学专业、动物药学专业本科人才培养为国家第一批卓越农林人才教育培养计划改革试点项目。学校与其他卓越农林人才培养高校广泛开展合作,积极探索卓越农林人才培养的模式、实训实践等教育教学改革,加强国家卓越农林人才培养校内实践基地建设,不断探索校企、校地协调育人机制的建立,开展全国专业实践技能大赛等,在卓越农林人才培养方面取得了巨大的成绩。西南大学水产养殖学专业、水族科学与技术专业同步与国家卓越农林人才教育培养计划专业开展了人才培养模式改革等教育教学探索与实践。2018年9月,教育部、农业农村部、国家林业和草原局发布的《关于加强农科教结合实施卓越农林人才教育培养计划2.0的意见》(简称《意见2.0》)明确提出,经过5年的努力,全面建立多层次、多类型、多样化的中国特色高等农林教育人才培养体系,提出了农林人才培养要开发优质课程资源,注重体现学科交叉融合、体现现代生物科技课程建设新要求,及时用农林业发展的新理论、新知识、新技术更新教学内容。

为适应新时代卓越农林人才教育培养的教学需求,促进"新农科"建设和"双万计划"顺利推进,进一步强化本科理论知识与实践技能培养,西南大学联合相关高校,在总结卓越农林人才培养改革与实践的经验基础之上,结合教育部《普通高等学校本科专业类教学质量国家标准》以及教育部、财政部、发展改革委《关于高等学校加快"双一流"建设的指导意见》等文件精神,决定推出一套"卓越农林人才培养实验实训实习教材"。本套教材包含动物科学、动物医学、动物药学、中兽医学、水产养殖学、水族科学与技术等本科专业的学科基础课程、专业发展课程和实践等教学环节的实验实训实习内容,适合作为动物科学、动物医学和水产养殖学及相关专业的教学用书,也可作为教学辅助材料。

本套教材面向全国各类高校的畜牧、兽医、水产及相关专业的实践教学环节,具有较广泛的适用性。归纳起来,这套教材有以下特点:

1. 准确定位,面向卓越 本套教材的深度与广度力求符合动物科学、动物医学和水产养殖学及相关专业国家人才培养标准的要求和卓越农林人才培养的需要,紧扣教学活动与知识结构,对人才培养体系、课程体系进行充分调研与论证,及时用现代农林业发展的新理论、新知识、新技术更新教学内容以培养卓越农林人才。

2.**夯实基础,切合实际** 本套教材遵循卓越农林人才培养的理念和要求,注重夯实基础理论、基本知识、基本思维、基本技能;科学规划、优化学科品类,力求考虑学科的差异与融合,注重各学科间的有机衔接,切合教学实际。

3.**创新形式,案例引导** 本套教材引入案例教学,以提高学生的学习兴趣和教学效果;与创新创业、行业生产实际紧密结合,增强学生运用所学知识与技能的能力,适应农业创新发展的特点。

4.**注重实践,衔接实训** 本套教材注意厘清教学各环节,循序渐进,注重指导学生开展现场实训。

"授人以鱼,不如授人以渔。"本套教材尽可能地介绍各个实验(实训、实习)的目的要求、原理和背景、操作关键点、结果误差来源、生产实践应用范围等,通过对知识的迁移延伸、操作方法比较、案例分析等,培养学生的创新意识与探索精神。本套教材是目前国内出版的能较好落实《意见2.0》的实验实训实习教材,以期能对我国农林的人才培养和行业发展起到一定的借鉴引领作用。

以上是我们编写这套教材的初衷和理念,把它们写在这里,主要是为了自勉,并不表明这些我们已经全部做好了、做到位了。我们更希望使用这套教材的师生和其他读者多提宝贵意见,使教材得以不断完善。

本套教材的出版,也凝聚了西南大学和西南大学出版社相关领导的大量心血和支持,在此向他们表示衷心的感谢!

总编委会

前言
QIANYAN

"兽医药理学"是一门理论知识与实验技能密切结合的学科,二者相辅相成,不可分割。本课程所有的理论知识都是前辈科学家经过严谨、科学的试验研究获得并积累下来的,而与药物相关的理论知识也需要试验结果的验证才被接受。熟练掌握兽医药理学实验方法和操作技能,一方面可以加强对理论知识的深入理解、巩固和记忆,另一方面也可以锻炼实验操作能力、实验结果记录分析能力和实验报告撰写能力,有助于培养探索精神、思维能力、操作技能、写作能力等基本科研素养,为将来从事兽医药理学理论研究或动物药品研发打下基础。

实验教材是实验教学质量的重要保障。为适应兽医药理学学科不断发展,切实从实验教学中提升学生的实验技能,本书以验证性实验为基础,以综合性实验为提高,以设计性实验为拓展,结合多年兽医药理实验教学的经验,参考现有多本兽医药理学、动物生理学实验教材,拓展了动物实验基本操作相关知识,优化了部分实验项目的给药顺序及给药量,补充或增加了综合性、设计性实验/试验项目,拓展了部分重点实验内容的相关知识。

本教材由概述、基础性实验、综合性实验、设计性实验四部分构成。概述主要包括兽医药理学实验课程的目的和要求、实验动物基本操作技术、实验设计概述、实验室生物安全、实验结果整理和实验报告撰写、兽医药理学常用仪器简介等内容。全书有24个基础性实验,涵盖了外周神经系统药物、中枢神经系统药物、生殖系统药物、皮质激素类药物、自体活性物质和解热镇痛抗炎药、体液和电解质平衡调节药、抗微生物药、防腐消毒药、特效解毒药等功能性药物药理;另外,编排了5个综合性实验和4个设计性实验。其中,基础性、综合性实验包括实验目的、实验原理、实验材料、实验方法、实验结果、思考题、拓展等内容。设计性实验由教师给定实验题目及要求,学生分组进行实验设计及开题论证后,在教师指导下完成实验项目,并进行结题答辩,以训练学生的综合实验能力。本教材适用于普通高等院校或各类职业院校动物医学类专业"兽医药理学"课程实验教学。

由于编者水平所限,本书还存在一些不足之处,真诚期望得到广大读者的批评指正,以便今后不断修改完善,以提高教材质量。

编 者

第一部分 兽医药理学实验基础概述

第一节　兽医药理学实验的目的和要求 …………………………………………… 3
第二节　实验动物的基本操作技术 ………………………………………………… 5
第三节　实验设计概述 ……………………………………………………………… 36
第四节　实验室的生物安全 ………………………………………………………… 43
第五节　实验结果的整理和实验报告的撰写 ……………………………………… 46
第六节　兽医药理学实验常用仪器简介 …………………………………………… 49

第二部分 基础性实验

第一章　总论 ………………………………………………………………………… 59
　　实验1　药物的体内过程观察 …………………………………………………… 59
　　实验2　药物的局部作用、吸收作用观察 ……………………………………… 61
　　实验3　药物的协同作用、拮抗作用检测 ……………………………………… 62
　　实验4　不同给药途径对药物作用的影响 ……………………………………… 65
　　实验5　肝、肾功能对药物作用的影响 ………………………………………… 67
　　实验6　药物配伍禁忌 …………………………………………………………… 69

第二章　外周神经系统药物 ……………………………………………………71
实验7　甲基硫酸新斯的明对小鼠肠管运动的影响 ………………………71
实验8　普鲁卡因和丁卡因表面麻醉作用的比较 …………………………72
实验9　肾上腺素对普鲁卡因浸润麻醉的增效作用 ………………………74

第三章　中枢神经系统药物 ……………………………………………………76
实验10　氯丙嗪对家兔体温的影响 …………………………………………76
实验11　三种镇痛药的作用效果比较 ………………………………………77
实验12　尼可刹米对呼吸抑制家兔的解救作用 ……………………………79

第四章　生殖系统药物 …………………………………………………………81
实验13　缩宫素和麦角新碱对小鼠离体子宫的兴奋作用 …………………81

第五章　皮质激素类药物 ………………………………………………………84
实验14　糖皮质激素对红细胞膜的稳定作用 ………………………………84
实验15　地塞米松对急性炎症的影响 ………………………………………85

第六章　自体活性物质和解热镇痛抗炎药 ……………………………………87
实验16　组胺与抗组胺药对离体肠道平滑肌的作用 ………………………87
实验17　解热镇痛药对发热家兔体温的影响 ………………………………89

第七章　体液和电解质平衡调节药物 …………………………………………91
实验18　利尿药和脱水药对家兔尿量的影响 ………………………………91

第八章　抗微生物药 ……………………………………………………………93
实验19　磺胺类药物抗菌作用机制分析 ……………………………………93
实验20　药物的体内抗菌实验 ………………………………………………94
实验21　磺胺噻唑对肾脏的毒性观察 ………………………………………97
实验22　硫酸链霉素的急性中毒及其解救 …………………………………98

第九章　防腐消毒药 ……………………………………………………………100
实验23　防腐消毒药的作用观察 ……………………………………………100

第十章　特效解毒药 ……………………………………………………………102
实验24　有机磷药物中毒及其解救 …………………………………………102

第三部分 综合性实验

- 实验1 传出神经药物对家兔在体肠肌的作用 …………………………………… 109
- 实验2 强心苷对蛙心的作用 ………………………………………………………… 113
- 实验3 替米考星对小鼠半数致死量(LD_{50})的测定 ………………………………… 117
- 实验4 药物体外抗菌活性测定(纸片扩散法和肉汤稀释法) ……………………… 122
- 实验5 恩诺沙星在鸡体内的血药浓度及药代动力学参数的计算 ………………… 125

第四部分 设计性实验

- 实验1 传出神经系统药物对犬血压的影响 ………………………………………… 131
- 实验2 药物对离体肠道平滑肌的作用 ……………………………………………… 136
- 实验3 联合药敏实验 ………………………………………………………………… 139
- 实验4 动物源氟喹诺酮类药物耐药大肠杆菌 gyrA 基因的序列分析 …………… 140

附录 ………………………………………………………………………………………… 141

- 一 处方常用拉丁文缩写 …………………………………………………………… 141
- 二 常用实验动物的最大给药体积和使用针头规格 ……………………………… 142
- 三 人和动物间按体表面积折算的等效剂量比值表 ……………………………… 143
- 四 动物与人体的每千克体重剂量折算系数表 …………………………………… 144
- 五 不同种类动物间剂量换算时的常用数据 ……………………………………… 145
- 六 实验动物常用全身麻醉药物的作用特点与用药剂量 ………………………… 146
- 七 兽医药理学常用实验动物的生理常数 ………………………………………… 147
- 八 抗菌药物原液的配制和保存期限 ……………………………………………… 148
- 九 兽医药理学4种特殊试剂的保存方法 ………………………………………… 149
- 十 实验动物的摄食量、饮水量及饲养密度 ……………………………………… 150

参考文献 ………………………………………………………………………………… 151

第一部分

兽医药理学实验基础概述

第一节 兽医药理学实验的目的和要求

一、实验目的

兽医药理学既是理论科学,又是实践科学。兽医药理学实验是兽医药理学的重要组成部分。其目的一方面是验证理论,巩固并加强对药物理论知识的理解;另一方面是学习和掌握相关实验基本操作方法和技能,培养科研工作的严谨态度、严密方法、严格要求及思维方式,学习实验设计及实验数据统计处理的基础知识,初步具备客观地对实验进行现象观察、结果分析及解决实验过程中具体问题的能力,从而更深入、准确地理解和掌握兽医药理学基本知识,指导临床合理用药,并为其他生命科学的研究探索奠定初步基础。

1. 巩固理论知识

通过实验课学习,应掌握兽医药理学实验基本方法,了解获得兽医药理学知识的科学途径,验证兽医药理学的重要理论,更牢固地掌握兽医药理学的基本概念和基本知识。

2. 锻炼实验技能

几乎所有兽医药理学知识都是通过有目的的科学实验而得到的,实验技能的高低直接决定了实验成败。实验操作的细微差异可能带来实验结果的巨大变化,错误的操作甚至会得到相反的实验结果,因此实验操作能力对于药物的研发、生产、临床应用等环节都有十分重要的作用,也是本课程必须学习掌握的技能。

3. 训练科学思维

通过本实验课程的学习,全面了解药物相关基础知识。训练善于发现问题、分析问题及创新性地设计实验以验证或解决问题的能力。

4. 培养"求是"精神

通过实验课的训练,逐步培养科研兴趣,形成严肃认真和实事求是的科学态度,对实验结果和数据实事求是地记录,采用科学的统计学方法分析和处理数据,养成务实求真的科研素养。

二、实验要求

兽医药理学实验课环节包括实验预习、教师讲解、实验操作、观察和记录实验现象、整理实验结果和撰写实验报告等。为了提高教学效果和保证实验成功,实验前应做好预习,明确实验目的、原理和方法,做到心中有数,避免实验中出现忙乱和差错;实验过程中,主要是在教师指导下学生独立地进行实验操作。本课程学习掌握常用实验动物捉拿、固定和给药方法,药物剂量换算和常用实验动物麻醉方法;学会正确观察记录各类药物作用的实验现象及结果;掌握以动物或其离体器官、组织为实验对象的兽医药理学实验方法和手段。

1. 实验前

(1)仔细阅读实验指导,了解实验目的、要求、方法和操作步骤,理解实验原理。

(2)了解实验所用药品和试剂的作用,预测可能出现的实验结果。

(3)结合实验内容,复习有关兽医药理学和生理学等方面的理论知识。

2. 实验中

(1)将实验器材妥善安排,正确装置。

(2)严格按照实验指导步骤进行操作,准确计算药量,防止出现差错。

(3)认真、细致地观察实验过程中出现的现象,准确记录药物反应的出现时间、表现及最后转归,联系课堂讲授内容进行思考。

(4)注意爱护实验动物、节约实验材料。

3. 实验后

(1)及时整理实验结果,保存好原始记录,并认真撰写实验报告。

(2)清洁实验器材,保持室内卫生,存活或死亡动物分送至指定地点。

(3)关好水、电、门、窗,保证实验室安全。

第二节　实验动物的基本操作技术

一、常用实验动物

(一)常用实验动物及其特点

1.青蛙和蟾蜍

为两栖动物,耐受性好。离体心脏能较持久地规律性跳动,可用于观察药物对心脏的影响。其坐骨神经或腓肠肌标本,用于观察药物对神经干动作电位、兴奋-收缩耦联及骨骼肌收缩的影响。

2.小鼠

温顺、繁殖率高,适用于动物需要量大的实验,是药理学实验中较常用的动物。主要用于药物筛选、药物急性或亚急性毒性评价等。

3.大鼠

具有繁殖快、心血管反应敏感等特点。用于多种实验模型的制备,如水肿、休克、炎症、心功能不全等。经肺或腹腔灌洗得到的组织可供多种实验使用,此外也可用于评价药物的急性或亚急性毒性等,但不适用有关呕吐、心电学研究。

4.豚鼠

常用于制备哮喘模型、抗过敏药物的研究。豚鼠对结核菌敏感,也可用于抗结核药物的研究。离体豚鼠乳头肌、子宫及肠管亦常用于实验。

5.家兔

是药理学实验中应用最多的动物,常用于循环、呼吸、泌尿和消化实验,并可复制水肿、炎症、休克等多种疾病模型。因家兔对温度变化敏感,也可用于解热药的药效研究。

(二)实验动物的类别

1.按动物的遗传学特征分类

(1)近交系

俗称纯种,是指通过亲代与子代重复杂交若干代而获得的遗传型相对纯一的纯系。药理学实验常用的啮齿类动物要求重复杂交20代以上,现有近交系小鼠200多个品系。

(2)突变品系

由育种过程中单个基因的变异或将某个基因人为导入并能稳定遗传或通过多次回交"留种"而建立的品系。已培育成功的突变品系有贫血鼠、肿瘤鼠等,已成为有科学研究价值的"模型动物"。

(3)杂交一代

也称为系统杂交性动物,是指将两个近交系杂交产生的子一代。特点是具有近交系动物的性状和杂交优势。

(4)封闭群

在同一血缘品系内不以近交方式而是随机交配繁衍的动物,如新西兰兔。

(5)非纯系

指一般任意交配繁衍的杂种动物,因饲养成本较低,常用于教学实验。

2. 按动物的微生物学特征分类

(1)无菌动物

指动物体内、外均无任何寄生虫和微生物的动物。这类动物是在无菌条件下剖腹取出后,在包括空气、食物、饮水等完全无菌的环境中生活的。

(2)悉生动物(已知菌)动物

即人为给予无菌动物一种或数种细菌,从而使动物带有特定的细菌。

(3)无特定病原体(SPF)动物

指不携带特定病原微生物的动物。

(4)带菌动物

一般自然环境下饲养的普通动物,体内外带有多种微生物,甚至是病原微生物,但其价格便宜,常用于普通药理学实验。

(三)实验动物的选择与准备

1. 健康状况

正确地选用动物,是获得理想实验结果的条件之一。根据实验要求,除应考虑到获得动物的难易、是否经济外,还要动物必须是健康的。动物健康判断标准:动物喜食好动,四肢强壮有力,双目明亮有神,反应灵敏,皮毛柔软有光泽,无脱毛、蓬乱现象,眼无分泌物或痂垢,肛门干净,体温正常。

2. 年龄

动物年龄对实验结果有影响。急性实验一般选用成年动物,因其机能活动和生理反应已达到正常水平,手术耐受性好,术后恢复快,而幼龄及老年动物则只用于某些特殊实验。

3. 种属选择

应具体根据实验内容需要来确定所选动物的种属,其原则是动物解剖、生理特点应尽量符合实验要求。如家兔颈部迷走神经、交感神经和主动脉神经(又名减压神经)各自成束,适宜于观察动脉血压的神经、体液调节和减压神经放电;而豚鼠中耳和内耳解剖结构特殊,有利于观察微音器效应和迷路机能实验。

4.性别

阴囊内有睾丸下垂(环境温度高时更明显),尿道与肛门距离较远,按压生殖器部位有阴茎露出以及腹部无乳头为雄性;反之,则为雌性。

5.动物实验前准备

实验动物开展实验前应进行1~2周适应性饲养,并进行健康检查,符合要求的动物方可进行实验。若进行慢性实验,还需对动物进行适当的训练,以了解该动物是否适合本实验,并使其熟悉环境与实验者。术前一天要给动物做清洁处理,必要时洗澡、消毒,术后要加强喂养与护理。

二、常用实验动物的捉拿、给药方法

(一)青蛙、蟾蜍

1.捉拿

通常以左手捉拿,食指和中指夹住左前肢,拇指压住右前肢,右手协助将两后肢拉直,左手无名指和小指压住后肢而固定。

2.淋巴囊内注射

蛙皮下有数个淋巴囊,一般多选胸、腹或股淋巴囊给药。胸部淋巴囊注射时应将针头插入蛙口腔,由口腔底部穿过下颌肌层而达胸部皮下;腹部淋巴囊注射时针头从蛙大腿上端刺入,经大腿肌层入腹壁肌层,再浅出进入腹部皮下,即进入淋巴囊,然后注入药液。也可静脉注射,少用。

(二)小鼠

1.捉拿

小鼠可采取双手法和单手法两种方式进行捉拿。

(1)双手法

右手提起鼠尾,放在鼠笼盖或其他粗糙面上,向后方轻拉,小鼠前爪抓住粗糙面。用左手拇指和食指捏住小鼠头颈部皮肤仰卧于手掌内侧[图1-1(1)],使其头、颈、胸、腹呈一直线,并以小指压住其尾根部,固定于手中。

(2)单手法

小鼠置于笼盖或其他粗糙面上,先用左手食指与拇指捏住鼠尾,手掌尺侧及小指夹住尾根部,然后用左手拇指与食指捏住头颈部皮肤。

2. 灌胃

将小鼠固定,保持头高臀低体位。右手持装有灌胃针的注射器,自口角处插入口腔,压迫鼠头,沿上颚插入食道[图1-1(2)]。如遇阻力,可将灌胃针头抽出另插,以免穿破食道或误入气管,造成动物死亡。灌注量一般为0.1~0.2 mL/10 g,总量不超过1.0 mL/只。

3. 肌内注射

两人合作,或单人操作,注射部位多选后肢上部外侧肌肉丰满处[图1-1(3)]。注射前注意消毒,注射后注意止血(下同),一处注射量不超过0.1 mL。

4. 皮下注射

按肌内注射的保定方式保定小鼠,术者持注射器,食指、拇指捏起背部皮肤,顺躯干方向平行进针,将药物注射于背部皮下,注意不要对穿皮肤[图1-1(4)],注射量0.1~0.2 mL/10 g,总量不宜超过0.5 mL/只。

5. 腹腔注射

左手将小鼠捉拿固定,使其腹部朝上,头低臀高体位。右手持注射器,取30°角从下腹部外侧向头端刺入腹腔,进针部位不宜太高,刺入不能太深[图1-1(5)]。注射量0.1~0.2 mL/10 g,不宜超过1.0 mL/只。

6. 静脉注射

选尾静脉进行。将小鼠置于固定筒内,尾巴露在外面,用70%酒精涂擦尾部,或将鼠尾浸入40~50 ℃水中。待尾部静脉扩张后,左手拉住尾尖,右手进针[图1-1(6)],注射量0.1~0.2 mL/10 g,总量不宜超过0.5 mL/只。

(1) (2) (3)

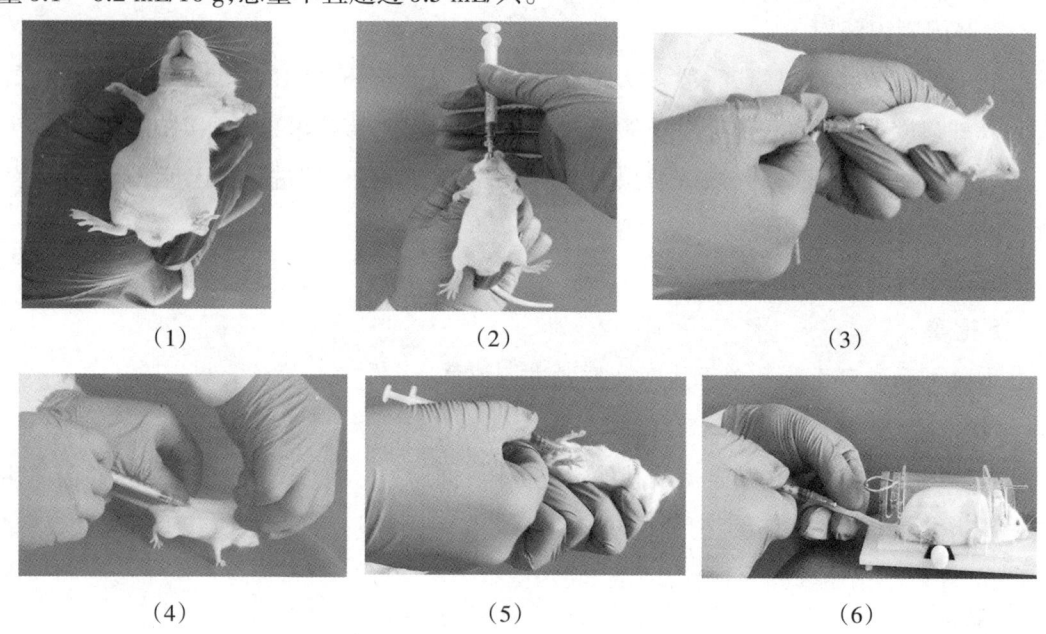

(4) (5) (6)

(1):捉拿;(2):灌胃;(3):肌内注射(单人);
(4):皮下注射(双人);(5):腹腔注射;(6):尾静脉注射

图1-1 小鼠的捉拿及给药方式

(三)大鼠

捉拿方法基本与小鼠相同。因攻击性较强,可戴手套操作。先将大鼠放在粗糙面上,向后轻拉鼠尾,使其不动,再用拇指、食指捏住头颈部皮肤,其余三指和手掌固定鼠体,使头、颈、胸、腹呈一直线。如果未抓紧,动物头部尚能转动,可用另一手帮助捏紧其头颈皮肤重新固定。灌胃、腹腔注射、腹部皮下注射均可一人操作。尾部静脉注射与小鼠注射法相似,但较困难。也可将大鼠腹股沟切开,从股静脉注射药物。每只大鼠用药量为小鼠的2~3倍。

(四)豚鼠

先用手掌以稳、准的手法迅速扣住豚鼠背部,抓住其肩胛上方,将手张开,用手指握住颈部,或握住身体的四周进行捉拿。受孕或体重较大的豚鼠,应以另一只手托住其臀部。豚鼠腹腔、皮下及肌内注射法基本同小鼠。

(五)家兔

1. 捉拿

一手抓其颈背部皮肤,轻轻将兔提起,另一手托其臀部,根据需要将其固定为各种姿势[图1-2之(1)、(2)]。

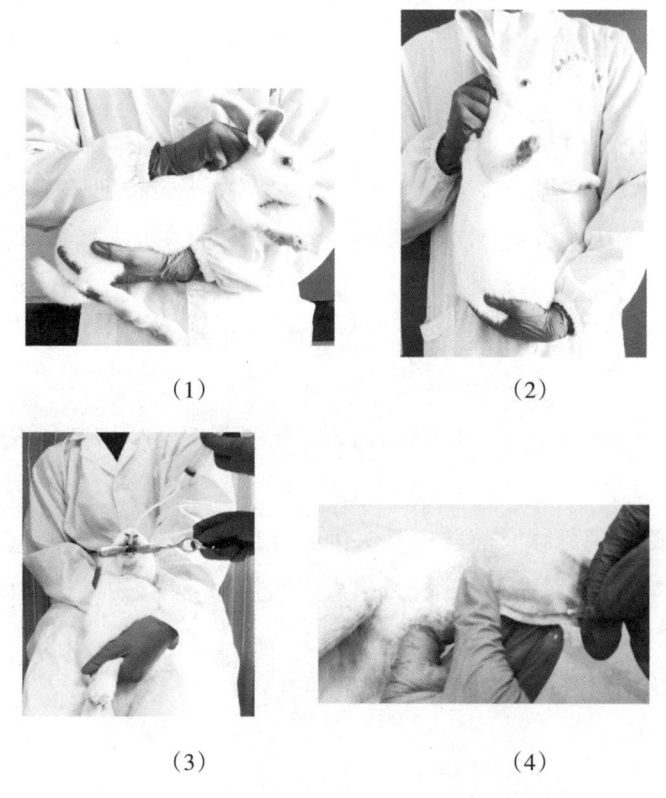

(1)　　　　　　　　(2)

(3)　　　　　　　　(4)

(1)-(2):兔的捉拿;(3):灌胃;(4):耳缘静脉注射

图1-2　家兔捉拿、灌胃及耳缘静脉注射

2. 灌胃

二人合作，助手取坐位，用两腿夹持兔身，一手握兔双耳，另一手固定兔两前肢；灌胃者将开口器从口腔一侧插入兔口腔内，并向后翻转开口器，使其下沿压住兔舌。将胃管从开口器中央孔插入口内，再沿上腭慢慢地插入食道和胃。若插管过程顺利，动物不挣扎也无呼吸困难出现。将胃管外端放入水中，若未见气泡出现，即证明胃管在胃内。然后将药液注入胃内[图1-2(3)]。灌注量一般为10 mL/kg。如有兔固定箱，一人也可操作。

3. 耳缘静脉注射

将兔置于固定箱内固定（或由助手固定），用酒精棉球涂擦兔耳，或用手指轻弹兔耳，使局部血管扩张。用左手拇指和中指捏住兔耳尖，以食指垫在拟进针部位下面，右手持注射器从近耳尖处将针头刺入血管，并以左手将针头固定在兔耳上，然后注入药液。若针头已插入血管，则推药时畅通无阻；若推注时有阻力，局部肿胀变白，表明针头不在血管内，须拔针重新穿刺[图1-2(4)]。注射量不超过2 mL/kg，等渗液可达10 mL/kg。

皮下、肌内、腹腔注射基本方法与鼠类相同，宜选用大号针头。皮下、肌内、腹腔注射按千克体重给药的最大量分别为0.5 mL、1.0 mL、5.0 mL。

（六）犬

一人用长柄钳式捕犬夹夹住犬颈，另一人将犬嘴绑住。绑嘴方法：先将绳带从嘴下绕过，在鼻上打一结，再将绳带绕到嘴下打一结，然后将绳带拉到耳后颈部打结固定。

犬在手术台上的固定方法：将犬仰卧在手术台上，四肢拴上绳带，将两前肢的绳带从背后交叉递向对侧，并压住对侧上肢，再将绳带拉紧固定于台边；后肢平行固定在台边即可。如果是麻醉犬，需要解开绑带，将舌头拉出嘴外以防窒息。

1. 腹腔注射

犬被夹住后，用力将犬的颈、头部压在地上，一人提起一侧后肢并将药液注入腹腔。

2. 静脉注射

多从后肢外侧小隐静脉或前肢皮下头静脉注射。注射前，先局部剪毛，并由一人用力压迫静脉近心端，使静脉充血扩张，另一人进行注射，针管内见有回血，表示针头在静脉内，解除对静脉近心端的压迫，即可推注药物。

常用实验动物不同给药途径的给药剂量见表1-1。

表 1-1　常用实验动物不同注射给药途径的给药体积　　　　　　　　单位/mL

注射途径	小鼠	大鼠	豚鼠	兔	犬
腹腔	0.2~1.0	1~2	2~4	3~5	5~15
肌肉	0.05~0.1	0.2~0.5	0.2~0.5	0.5~2.0	2~5
静脉	0.1~0.4	1~2	1~5	3~10	5~15
皮下	0.1~0.5	0.5~1.0	0.5~2	1.0~4.0	3~10

三、性别的鉴定、编号及处死方法

(一)实验动物的性别鉴定

1.小鼠和大鼠

两性的区别要点有三：①成年雄鼠可见阴囊,站位时阴囊内睾丸下垂,夏天尤为明显,成年雌鼠腹部可见乳头；②雄鼠尿道口与肛门距离较远,雌鼠阴道口与肛门距离较近；③肛门和生殖器间有沟的为雌鼠,无沟的为雄鼠。

2.豚鼠

与小鼠和大鼠基本相同。

3.兔

雄兔可见阴囊,两侧各有一个睾丸。用拇指和食指按压生殖器部位,雄兔可露出阴茎,雌兔腹部可见乳头。

4.其他

较大动物,性别特征明显,不难辨认。

(二)实验动物的编号

药理学实验中常用多只动物同时进行实验,为避免混乱,应对动物编号,目的在于将观察范围内的同种动物进行区别。常用方法有染色法、耳缘剪孔法、烙印法和号牌法等,可根据实验目的、动物种类和具备的条件选用。一般编号应清晰易辨、简便耐用。猫、犬、兔等可用特制的号码牌固定于特定部位。白色小鼠、大鼠及家兔等用苦味酸涂于动物体表不同部位进行编号。如小鼠,在左前肢皮肤外侧涂圆点为①号,腹部左外侧皮肤涂圆点为②号,左后肢皮肤标记为③号,头部皮肤标记为④号,背部正中皮肤标记为⑤号,尾巴根部标记为⑥号,⑦、⑧、⑨号在右侧,同①、②、③号,第⑩号不涂苦味酸(图1-3)。大白鼠编号与小鼠相同。两种颜色组合可对99只动物进行编号。

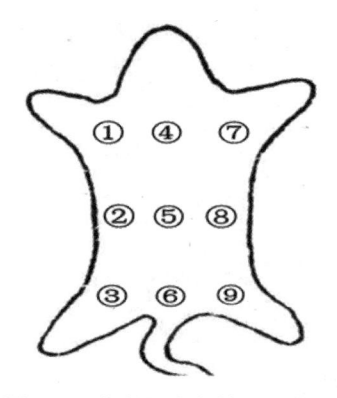

图 1-3 小鼠及大鼠的编号方法

(三)实验动物的处死

1. 蛙和蟾蜍

可以断头处死,也可用探针经枕骨大孔破坏其脑和脊髓处死。

2. 小鼠和大鼠

常以断头处死。对于小鼠,还可用颈椎脱臼法处死,即用左手拇指和食指紧按其头部,右手捉其尾根,向后猛拉,可使其椎脱臼致死。

3. 兔、猫及狗

静脉注射空气 10~30 mL,可使动物因血管气栓而死。静脉注射大剂量戊巴比妥钠等麻醉药,则可使动物在死前免受痛苦。

四、实验动物的取血方法

(一)小鼠和大鼠

1. 剪尾取血法

将鼠装入深色布袋中,裹紧鼠身,露出尾巴,用酒精涂擦或温水浸泡尾巴使血管扩张,剪断尾尖后,尾静脉血即可流出,用手轻轻地从尾根部向尾尖挤捏,可取到一定量血液。取血后,用棉球压迫止血。也可采用交替切割尾静脉方法取血,用锋利刀片在尾尖部切破尾静脉,静脉血即可流出,三根尾静脉可替换切割,每次可取 0.3~0.5 mL,供一般血常规实验用。鼠血液易凝固,需要全血时,应事先将抗凝剂加入采血管中,如用血细胞混悬液,则立即与生理盐水混合。

2. 眼球后静脉丛取血法

左手持鼠,拇指与中指抓住颈部皮肤,食指按压头部向下,阻滞静脉回流,使眼球后静脉丛充血,眼球外凸。右手持1%肝素溶液浸泡过的吸血针,从内眦部刺入,沿内下眼眶壁,向眼球后推进4~5 mm,旋转吸血针头,切开静脉丛,血液自动流出,轻轻抽吸血管(防止负压压迫静脉丛使抽血更困难),拔出吸血针,出血可自然停止。也可用特制的玻璃取血管(内径0.1~1.5 mm,长为1 cm)进行采血。必要时可在同一穿刺孔重复取血。此法也适用于豚鼠和家兔。

3. 眼眶取血法

左手持鼠,拇指与食指捏紧头颈部皮肤,使鼠眼球突出,鼠头部向下,右手持弯镊或止血钳,夹住一侧眼球部,将眼球摘出,将血滴入预先加有抗凝剂的玻璃管内,直至流血停止。此法由于取血过程中动物未死,心脏不断跳动,一般可取体重4%~5%的血量,是一种较好的取血方法,但只适用于一次性取血。

4. 心脏取血

动物仰卧固定于鼠板上,用剪刀将心前区毛剪去,用碘酒、酒精消毒皮肤,在左侧第3~4肋间用左手食指摸到心搏,右手持配有4~5号针头的注射器,选择心搏最强处穿刺。当针头正确刺入心脏时,由于心脏跳动的力量,血液会自动进入注射器内。

5. 断头取血

实验者戴上棉手套,用左手抓紧鼠颈部,右手持剪刀,从鼠颈部剪掉鼠头,迅速将鼠颈向下,用备有抗凝剂的试管收集从颈部流出的血液,小鼠可取血0.8~1.2 mL,大鼠可取血5~10 mL。

6. 颈动/静脉、股动/静脉取血

麻醉动物并背位固定,将一侧颈部或腹股沟部去毛,切开皮肤,分离出静脉或动脉,注射针沿动/静脉走向刺入血管。20 g小鼠可抽血0.6 mL,300 g大鼠可抽血8 mL。也可把颈静脉或颈动脉用镊子挑起剪断,用试管取血或注射器抽血。股静脉连续多次取血时,穿刺部位应尽量靠近股静脉远心端。

(二)豚鼠

1. 心脏取血

需两人协作进行,助手以两手将豚鼠固定,腹部向上,术者用左手在胸骨左侧触摸心脏搏动,一般在第4~6肋间,选择从心跳最明显部位进针并刺入心脏,血液可随心跳而进入注射器内,取血应快速,以防在试管内凝血。若认为针头已刺入心脏,但还未出血时,可向后稍微调整针头。失败时应拔出针头重新操作,切忌针头在胸腔内左右摆动,以防损伤心脏和肺脏而致动物死亡。此法取血量大,可反复采血。

2. 背中足静脉取血

助手固定动物,将其右或左后肢膝关节伸直提到术者面前,术者将动物脚背用酒精消毒，找出背中足静脉，以左手拇指和食指拉住豚鼠趾端，右手拿注射针刺入静脉，拔针后立即出血，用纱布或棉花压迫止血。可反复取血，两后肢交替使用。

（三）家兔

1.心脏取血

将动物仰卧在兔板上，剪去心前区毛，用碘酒、酒精消毒皮肤。左手触摸胸骨左缘第3～4肋间隙，选择心脏跳动最明显处，右手持注射器，将针头插入胸腔，通过针头感到心脏跳动时，再将针头刺进心脏，然后抽出血液。

2.耳缘静脉取血

选好耳缘静脉，拔去被毛，用二甲苯或75%酒精涂擦局部，小血管夹夹紧耳根部，使血管充血扩张。术者持粗针头从耳尖部血管逆回流方向刺入静脉取血，或用刀片切开静脉，血液自动流出，取血后用棉球压迫止血，一般取血量为2～3 mL，压住侧支静脉，血液更容易流出，取血前在耳缘部涂擦液体石蜡，可防止血液凝固。

3.耳中央动脉取血

将兔置于固定箱内，用手揉擦耳部，使中央动脉扩张。左手固定兔耳，右手持注射器，于中央动脉末端进针，与动脉平行，沿向心端方向刺入动脉。一次取血量为15 mL，取血后用棉球压迫止血。注意兔中央动脉易发生痉挛性收缩。抽血前要充分使血管扩张，在痉挛前尽快抽血，抽血时间不宜过长。中央动脉末端抽血比较容易，而耳根部组织较厚，抽血难以成功。

4.股静脉取血

行股静脉分离手术，注射器平行于血管，从股静脉下端沿向心端方向刺入，徐徐抽动针栓即可取血。抽血完毕后注意止血。股静脉易止血，用干纱布轻压取血部位即可。若连续多次取血，取血部位应尽量从远心端开始。

5.颈静脉取血

将兔固定于兔箱中，倒置使兔头朝下，在颈部上1/3静脉部位剪去被毛，用碘酒、酒精消毒，剪开一个小口，暴露颈静脉，注射器沿向心端方向刺入血管，即可取血。此处血管较粗，很容易取血，取血量也较多，一次可取10 mL以上，用干纱布或棉球压迫取血部位而止血。

（四）犬

1.心脏取血

犬心脏取血方法与兔相似。将犬麻醉固定于手术台上，暴露胸部，剪去左侧3～5肋间被毛，用碘酒、酒精消毒，触摸心搏最明显处，一般在胸骨左缘外1～4肋间处可触到，避开肋骨垂直向背部方向进针，用注射器(配6～7号针头)取血。当针头接触到心脏时，即有搏动感觉。针头刺入心腔即有血液进入注射器。一次可采血20 mL左右。

2. 小隐静脉、头静脉、颈静脉取血

（1）小隐静脉、头静脉取血

小隐静脉从后肢外踝后方走向外上侧，头静脉位于前肢脚爪上方背侧正前位。剪去局部被毛，助手握紧腿，使皮下静脉充盈，术者按常规穿刺即可取血。

（2）颈静脉取血

犬以侧卧位固定于犬台上，剪去颈部被毛，常规消毒。助手拉直颈部，头上仰。术者左手拇指压住颈静脉入胸腔处，使颈静脉曲张。右手持注射器，针头与血管平行，从远心端沿向心端刺入血管，颈静脉在皮下易滑动，穿刺时要拉紧皮肤，固定好血管，取血后用棉球压迫止血。

3. 股动脉取血

犬背位固定于犬台上，助手将犬后肢向外拉直，暴露腹股沟，剪去被毛，常规消毒，用左手食指、中指触摸动脉搏动部位，并固定好血管，右手持注射器，针头与皮肤呈45°角，由动脉搏动最明显处直接刺入血管，抽取所需量的血液，取血后需较长时间压迫止血。

（五）猫

从前肢皮下头静脉、后肢股静脉、耳缘静脉取血，需大量血液时可从颈静脉取血。

五、实验动物麻醉

（一）理想的麻醉药应具备的条件

麻醉药需根据动物种类和不同实验手术要求选择，麻醉必须适度，过浅或过深都会影响手术或实验的进程和结果。理想的麻醉药应具备以下条件：麻醉效果好，实验过程中动物无挣扎或鸣叫现象，麻醉时间大致满足实验要求；对动物毒性及所观察指标影响小；使用方便。

（二）常用麻醉药

常用麻醉药物分为局部麻醉药和全身麻醉药。局部麻醉药常用2%～5%普鲁卡因，动物实验中多采用局部皮下浸润麻醉，剂量按所需麻醉面积而定，一般不超过50 mg/kg。下面重点介绍全身麻醉药。

1. 吸入麻醉

（1）乙醚

为吸入性麻醉药，可用于各种动物，尤其是时程短的手术或实验。将乙醚滴在棉球上放入玻璃罩内，利用其挥发性，经呼吸道进入肺泡，对动物进行麻醉。吸入后15～20 min开始发挥作用。优点：麻醉深度易于掌握，比较安全，术后动物苏醒较快。缺点：

需要专人护理,在麻醉初期常出现强烈兴奋现象,对呼吸道有较强刺激作用,使黏液分泌增加,易阻塞呼吸道而发生窒息。对于经验不足的操作者,用乙醚麻醉动物时,容易因麻醉过深而致动物死亡。另外乙醚易燃、易爆,对人亦有副作用,使用时应避火、通风,并注意安全(现已少用,常用异氟烷)。

(2)异氟烷

化学名为1-氯-2,2,2-三氟乙基二氟甲基醚,在常温常压下为澄清无色液体,有刺鼻臭味。为非易燃、非易爆品。异氟烷抑制中枢神经系统,麻醉作用强于恩氟烷,但弱于氟烷和甲氧氟氯乙炔。作用特点是麻醉诱导快,动物苏醒快,麻醉的深度能迅速调整,对各种动物的安全范围都相当大(约为氟烷的2倍),具有良好的肌肉松弛作用,但能显著抑制呼吸系统,降低呼吸频率、呼吸反射和对二氧化碳的反应,抑制的程度呈剂量依赖性。可作为诱导和/或维持麻醉药而用于各种动物。

2. 注射麻醉

(1)巴比妥类

各种巴比妥类药物的吸收和代谢速度不同,其作用时间亦长短不一。戊巴比妥钠在实验中最为常用。该药为白色粉末,常配成1%~3%水溶液由静脉或腹腔给药。一次给药麻醉的有效作用时间为3~5 h,属中效巴比妥类。静脉注射时,前2/3剂量可快速注射,以快速度过兴奋期;后1/3剂量则应缓慢注射,并密切观察动物的肌肉紧张状态、呼吸频率、深度及角膜反射。动物麻醉后,常出现肌肉松弛和皮肤血管扩张,致使体温缓慢下降,所以应设法保温。硫喷妥钠为浅黄色粉末,其水溶液不稳定,故需在使用之前临时配制成2.5%~5%溶液。一次给药可维持约15 min,适用于较短时程的实验,属短效或超短效巴比妥类,实验时间较长时可重复给药,维持量为原剂量的1/10~1/5。巴比妥类对呼吸中枢有较强抑制作用,麻醉过深时,呼吸活动可完全停止,故应注意防止给药过多、过快。该类药物对心血管系统也有复杂的影响,故不用于研究心血管功能的实验动物麻醉。

(2)乌拉坦

又名氨基甲酸乙酯,作用性质温和,易溶于水,对动物麻醉作用强大而迅速,安全范围大,多数动物实验都可使用,更适用于小动物麻醉。可导致较持久的浅麻醉,对呼吸无明显影响。优点是价廉,使用简便,一次给药可维持4~5 h,且麻醉过程较平稳,动物无明显挣扎现象;缺点是苏醒慢,麻醉深度和使用剂量较难掌握。乌拉坦对兔的麻醉作用较强,是家兔急性实验常用的麻醉药,对猫和犬则奏效较慢,对大鼠和兔能诱发肿瘤,不宜用于长期存活的慢性实验动物的麻醉。本药使用时配成10%~25%溶液,若注射剂量过大,则可致动物血压下降,且对呼吸影响也很大。用此药麻醉时对动物保温尤为重要。

(3)氯醛糖

本药溶解度较小,常配成1%水溶液。使用前需先在水浴锅中加热,使其溶解,但加热温度不宜过高,以免降低药效。本药安全范围大,能导致持久的浅麻醉,对自主神经中枢无明显抑制作用,对痛觉的影响也小,故特别适用于研究要求保留生理反射(如心血管反射)或神经系统反应的实验。

实验中常将氯醛糖与乌拉坦混合使用。以加温法将氯醛糖溶于25%乌拉坦溶液内,使氯醛糖浓度为5%。犬和猫静脉注射剂量为1.5~2 mL/kg混合液,其中氯醛糖剂量为75~100 mg/kg。兔也可用此剂量作静脉注射。

(4)速眠新Ⅱ(846合剂)

速眠新Ⅱ注射液是静松灵、乙二胺四乙酸(EDTA)、盐酸二氢埃托啡和氟哌啶醇的复方制剂。该药具有中枢性镇痛、镇静和肌肉松弛作用,常用于马、牛、羊、虎、狮、熊、犬、猫、兔、鼠等动物的手术麻醉和药物制动。

该药使用方便、麻醉效果好、副作用小,已广泛应用于动物麻醉。速眠新Ⅱ注射液可肌内注射或静脉注射,但静脉注射剂量应为肌肉注射的1/3~1/2。优点是价格便宜,止痛效果较好。缺点是麻醉维持时间较短,麻醉过程中上呼吸道分泌物较多,对心肺功能有抑制作用。本品肌内注射剂量按体重计算:杂种犬0.08~0.1 mL/kg,纯种犬0.04~0.08 mL/kg,猫0.2~0.3 mL/kg。

(三)麻醉前的准备工作

1.麻醉方案的制订

麻醉前,必须根据实验目的、实验方法、动物种类、手术部位、手术特点、麻醉对动物机体的影响等因素,制订科学合理的麻醉方案。麻醉方案一般包括麻醉方法、麻醉药物的选择和麻醉深度的确定。麻醉方案一般由有经验的兽医师提出,没有兽医师的可由经过专门培训并有实践经验的实验员、研究人员提出。麻醉方案一经确定,原则上不得随意更改。但是,由于动物个体差异较大,药物的生产厂家不同,药物的质量和药效也存在差异,因此,在实际操作时,应根据实际情况增减药物剂量。

2.实验动物的准备

(1)适应性饲养

实验动物宜在实验前4~7 d到位,使动物适应新环境,恢复运输过程中应激反应引起的代谢和激素改变。这段时间,要记录动物的体重、生长速度、摄食量和饮水量。这些数据对于那些需要麻醉苏醒的动物是非常重要的。

(2)驯化

大部分实验动物,特别是灵长类动物及犬、猫等经过驯化,在提取和保定时都能与人很好地配合,不仅使麻醉工作能顺利进行,而且能避免或减少应激反应。长时间使动物处于应激状态会影响其循环和代谢功能,对挣扎的动物实施麻醉时,除了增加出现异常反应的可能性之外,还可使动物的机体受到损伤。

(3)身体健康检查

使用健康的动物是减少麻醉相关风险的重要因素。麻醉前对动物的健康状况进行必要检查,不但对选择麻醉方法、确定药物剂量起到重要的参考作用,而且在术后分析中也有重要的参考价值。

(4)术前禁饲

动物在麻醉前应进行一段时间空腹禁饲,这有助于防止反胃和胃内容物吸入气管。不同种类动物术前禁饲时间不同。犬、猴、猪在麻醉前禁饲8~12 h,豚鼠禁饲12 h,兔和其他啮齿类动物不需禁饲,大中型禽类(鸡、鸭、鹅)禁饲6~12 h。所有动物麻醉前1 h禁水。

3.麻醉药品的准备

根据麻醉方案准备好麻醉药品,同时需要准备好抢救、镇痛等应急药品。准备时应核对药品有效期,检查药物包装及外观等,如液体药物有无混浊物,粉状药物的颜色、质地有无异常等。

4.麻醉设备、器材的准备

麻醉前,应根据需要准备好一切必需仪器、设备和器材,并需认真检查所需仪器、设备是否处于良好的工作状态,器材规格型号是否正确,外观、质量是否合格。需要预热的仪器、设备要提前开机预热。如果动物需要术后麻醉复苏,还应准备适宜的麻醉复苏场所。此外,麻醉意外的抢救设备也应提前准备好。

5.麻醉前用药

合理的麻醉前用药可以减少动物和操作者受伤的危险。麻醉前用药的目的:①减少动物恐惧,起到镇静作用,有利于固定;②减少全麻药用量,从而减少其毒副作用;③减少唾液和支气管分泌物,保障气道畅通;④使诱导麻醉和苏醒更平稳;⑤阻断迷走神经反射(如由气管插管和手术操作引起的心跳减慢);⑥减少术前疼痛和术后早期疼痛。

(四)麻醉方式

1.全身麻醉

（1）吸入法

多选用乙醚作为麻醉药。准备好密闭的玻璃钟罩或麻醉箱,将几个乙醚棉球迅速转入容器内,让其挥发,然后把待麻醉的动物投入,经4~6 min即可麻醉。麻醉后应立即取出乙醚棉球,并准备新的乙醚棉球,在动物麻醉变浅时用以补充麻醉药。此法适合于大、小鼠短期性的实验操作,当然也可用于较大动物,只是要求有麻醉口罩或较大麻醉箱。由于乙醚燃点很低,遇火极易燃,所以在使用时,一定要远离火源。兔、犬、猫等中型以上动物麻醉时需要专用设备,如图1-4所示。

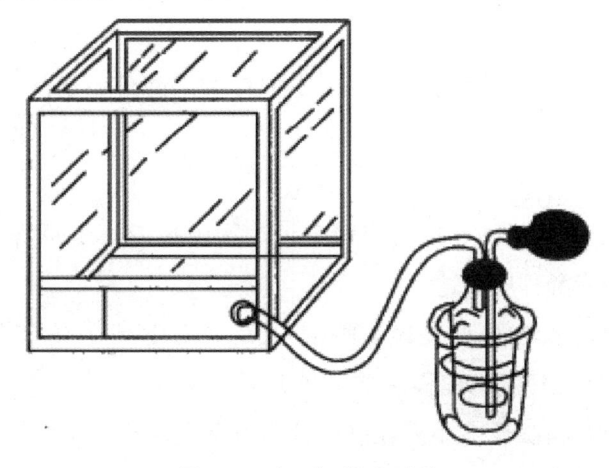

图1-4 兔、犬、猫麻醉箱

（2）腹腔和静脉给药麻醉法

非挥发性麻醉剂均可用作腹腔和静脉注射麻醉,此法操作简便,是实验室最常用的麻醉方法。腹腔给药多用于小鼠、大鼠、豚鼠,较大的动物如兔、犬等则多用静脉注射。由于各麻醉剂的作用时间以及毒性差别,在腹腔和静脉麻醉时,一定要控制药物浓度和注射量,多采取先快后慢的给药方法。

2.局部麻醉

根据麻醉部位不同,局部麻醉可分为表面麻醉、浸润麻醉、传导麻醉、硬膜外腔麻醉、封闭疗法等。其中,表面麻醉主要用于黏膜表面,如口腔、鼻腔等手术;浸润麻醉主要配合全身麻醉在创部皮下、浅层或深层肌肉组织进行;传导麻醉在神经干周围给药,可麻醉该神经干下行区域。

(五)麻醉效果的观察

动物的麻醉效果直接影响实验的过程和结果。如果麻醉过浅,动物会因疼痛而挣扎,甚至出现兴奋状态,呼吸心跳不规则,影响观察;麻醉过深,可使机体的反应性降低,甚至消失,更为严重的是抑制延髓心血管活动中枢和呼吸中枢,导致动物死亡。因此,在麻醉过程中必须善于判断麻醉程度,观察麻醉效果。判断麻醉程度的指标有以下4种。

1. 呼吸

动物呼吸加快或不规则,说明麻醉过浅;若呼吸由不规则转变为规则且平稳,说明已达到麻醉深度;若动物呼吸变慢,且以腹式呼吸为主,说明麻醉过深,动物有生命危险。

2. 反射活动

主要观察角膜反射或睫毛反射。动物的角膜反射灵敏,说明麻醉过浅;角膜反射迟钝,说明麻醉程度适宜;角膜反射消失,伴有瞳孔散大,则表明麻醉过深。

3. 肌张力

动物肌张力亢进,一般说明麻醉过浅(木僵样麻醉除外);若全身肌肉松弛,则麻醉合适。

4. 皮肤夹捏反应

麻醉过程中可随时用止血钳或有齿镊夹捏动物皮肤,若反应灵敏,则表明麻醉过浅;若反应消失,则表明麻醉程度合适。

总之,观察麻醉效果要仔细,上述4项指标要综合考虑,最佳麻醉深度的标志有:动物卧倒、四肢及腹部肌肉松弛(木僵样麻醉除外),呼吸深慢而平稳,皮肤痛觉反射消失,角膜反射明显迟钝或消失,瞳孔缩小。在静脉注射麻醉药时还要边注入药物边观察以获得理想的麻醉效果。

(六)各种动物的麻醉方法

1. 小鼠

根据需要选用吸入麻醉或注射麻醉。注射麻醉时多采用腹腔注射法。

2. 大鼠

多采用腹腔注射麻醉,也可用吸入麻醉。

3. 豚鼠

可进行腹腔注射麻醉,也可将药液注入背部皮下。

4. 猫

多用腹腔注射麻醉,也可用前肢、后肢皮下或静脉注射麻醉。

5. 家兔

多采用耳缘静脉注射麻醉。注射麻醉药时应先快后慢,并密切注意家兔的呼吸及角膜反射等变化。

6.犬

多用前肢或后肢皮下静脉注射麻醉。

(七)麻醉注意事项

(1)不同动物个体对麻醉药的耐受性不同。因此,在麻醉过程中,除参照上述一般药物用量标准外,还必须密切注意动物状态,以决定麻醉药用量。

(2)注意麻醉深浅,根据呼吸深度和快慢、角膜反射的灵敏度、有无四肢和腹壁肌肉的紧张性,以及皮肤疼痛反应等进行判断。当呼吸突然变深变慢、角膜反射灵敏度明显下降或消失、四肢和腹壁肌肉松弛、皮肤无明显疼痛反应时,应立即停止给药。

(3)静脉给药时应坚持先快后慢的原则,避免动物因麻醉过深而死亡。麻醉过深时,最易观察到的是呼吸减慢甚至停止,但仍有心跳。此时应立即进行人工呼吸。可用手有节奏地压迫和放松胸廓,或推压腹腔脏器使膈肌上、下移动,保证肺通气;与此同时,迅速将气管切开,并插入气管套管,连接人工呼吸机以代替徒手人工呼吸,直至主动呼吸恢复。还可给予苏醒剂以促进恢复,常用苏醒剂有咖啡因(1 mg/kg)、尼可刹米(2~5 mg/kg)和洛贝林(0.3~1 mg/kg)等。心跳停止时应进行心肺复苏,注射温热生理盐水和肾上腺素。

(4)实验过程中如麻醉过浅,可临时补充麻醉药,但一次补充剂量不宜超过总量的1/5。

(5)麻醉时需注意保温。麻醉期间,动物的体温调节机能往往受到抑制,出现体温下降,会影响实验准确性。此时常需采取保温措施,常用保温方法有加热灯、电褥、台灯照射等。无论用哪种方法加温,都应根据动物肛门体温而定。常用实验动物正常体温:猫为(38.6 ± 1.0)℃,兔为(38.4 ± 1.0)℃,大鼠为(39.3 ± 0.5)℃。

(6)做慢性实验时,在冬季,麻醉剂在注射前应加热至动物正常体温水平。

(7)麻醉剂可用蒸馏水或生理盐水配制。

(8)乙醚是强挥发性液体,易燃易爆,使用时应远离火源。平时应装在棕色玻璃瓶中,置于阴凉干燥处,不宜放在冰箱里,以免遇到电火花而引起爆炸。

六、实验动物给药量的计算

(一)药量单位

药量基本单位是克(g),有时亦用毫克(mg)、微克(μg)、纳克(ng)及皮克(pg)。换算关系是:$1\ g=10^3\ mg=10^6\ \mu g$,以此类推。

药量的基本容量单位是毫升(mL),有时亦用到升(L)及微升(μL)。换算关系是:$1\ L=10^3\ mL=10^6\ \mu L$。

(二)给药容量

注射用药前应首先考虑该种动物在特定注射途径所能允许的最大容量,在确定容量之后才能确定配制溶液的浓度。通常,动物血容量约占体重的1/13,静脉注射药液体积过大,可能影响到循环系统正常功能,故静脉注射体积最好在体重1/100以下,静脉外(皮下、肌内及腹腔)注射体积最好在体重1/40以下。如一只20 g体重小鼠,尾静脉注射不宜超过0.2 mL,肌内、皮下、腹腔等部位注射不宜超过0.5 mL。

(三)药物浓度

药物浓度是指定量液体或固体制剂中所含药物的分量,常用的液体制剂有以下几种表示方法。

1. 质量/容量法

表示每100 mL溶液中含有的药物质量(g)数,如5%葡萄糖指100 mL溶液中含有5 g葡萄糖。

2. 容量/容量法

适用于液体药物配制,表示每100 mL溶液中含有药物的容量(mL)数,如75%乙醇即100 mL溶液中含无水乙醇75 mL。

3. 比例浓度

用来表示稀溶液的浓度,如1:10 000肾上腺素溶液指1 mL溶液中含0.1 mg肾上腺素(即0.01%肾上腺素溶液)。

4. 物质的量浓度

1 L溶液中所含溶质的物质的量,称为该溶液的物质的量浓度,如0.1 mol/L NaCl溶液表示1 L溶液中含有0.1 mol NaCl。

(四)药物剂量换算

动物实验给药有时需要从已知药物浓度换算成相当于每kg体重(为方便起见,大鼠、豚鼠也可按100 g体重,小鼠、蟾蜍可按每10 g体重)应注射药液量(mL),一般以mg/kg(有时也以g/kg)计算。有时则需根据药物剂量和给药容量计算出合适的药物浓度,有时还需进行浓度间(如质量分数和物质的量浓度间)换算,以便进行分析和计算(注:下述换算不考虑溶液密度的改变)。

1. 由给药剂量及药液浓度换算成给药体积

即根据给药剂量 mg/kg及药液百分比浓度,换算成每kg体重注射药量(mL),进而计算出每只动物应注射多少毫升药液。

例:小鼠体重22 g,腹腔注射吗啡10 mg/kg,药物浓度为0.1%,应注射多少毫升?

计算方法：0.1%盐酸吗啡溶液每mL含药物1 mg，10 mg/kg相当于10 mL/kg，小鼠22 g体重换算成0.022 kg，10 mL/kg×0.022 kg=0.22 mL。为计算方便，上述10 mg/kg首先换算成0.1 mL/10 g，小鼠体重改写成2.2×10 g，0.1 mL/10 g×2.2×10 g=0.22 mL。

2.由给药剂量和药液容量计算应配制的药物浓度

即根据给药剂量 mg/kg 和设定的药液容量 mL/kg，计算应配制的药物浓度。

例：家兔静脉注射吗啡10 mg/kg，注射容量1 mL/kg，应该配制的药液浓度是多少？

计算方法：10 mg/kg相当于1 mL/kg，1 mL药液应该含10 mg吗啡，1:10=100:x，x=1 000 mg=1 g，故应配成的药液浓度为100 mL含1 g，即1%盐酸吗啡。

3.质量分数浓度与物质的量浓度间换算

例：0.5%盐酸组胺相当于多少物质的量浓度？

计算方法：依公式$M=10×X/W$，式中M为物质的量浓度，X为质量分数浓度中"%"左侧的数字（即100 mL药液中药物的克数），W为药物的相对分子质量，已知X为0.5，W=184.1，代入公式M=10×0.5/184.1=2.7×10^{-2}，所以0.5%盐酸组胺的物质的量浓度相当于2.7×10^{-2} mol/L。

七、实验动物手术的基本操作

(一)常用的手术器械

1.手术刀

手术刀由刀柄和可装卸的刀片两部分组成[图1-5(1)]。刀柄一般根据其长短及大小来分型。一把刀柄可以安装几种不同型号的刀片。刀片的种类较多，按其形态可分为圆刀、弯刀及三角刀等，按其大小可分为大刀片、中刀片和小刀片。手术时根据实际需要，选择合适的刀柄和刀片。刀柄通常与刀片分开存放和消毒。刀片应用持针钳夹持安装，切不可徒手操作，以防割伤手指。装载刀片时，用持针钳夹持刀片背部前端，使刀片的缺口对准刀柄前部的刀楞，稍用力向后拉动即可装上。取下时，用持针钳夹持刀片背部尾端，稍用力提起刀片向前推即可卸下。手术刀主要用于切割组织，有时也用刀柄尾端钝性分离组织。

(1)执刀方式

1)执弓式　是最常用的一种执刀方式，动作范围广而灵活，用力涉及整个上肢，主要在腕部。用于较长皮肤切口和腹直肌前鞘的切开等[图1-5(2)]。

2)握执式　全手握持刀柄，拇指与食指紧捏刀柄刻痕处。此法控刀比较稳定，操作主要活动力点是肩关节。用于切割范围广、组织坚厚、用力较大的切开(如截肢、肌腱切开)，较长皮肤切口等[图1-5(3)]。

3)执笔式　用力轻柔,操作灵活准确,便于控制刀活动度,其动作主要在手指着力。用于短小切口及精细手术,如解剖血管、神经及切开腹膜等[图1-5(4)]。

4)反挑式　是执笔式的一种转换形式,刀刃向上挑开,以免损伤深部组织。操作时先刺入,动点在手指。用于切开脓肿、血管、气管、胆总管或输尿管等,切断钳夹的组织或扩大皮肤切口等[图1-5(5)]。

(2)手术刀的传递

传递手术刀时,传递者应握住刀柄与刀片衔接处背部,将刀柄尾端送至术者手里,不可将刀刃指着术者传递以免刀刃对人造成伤害[图1-5(6)]。

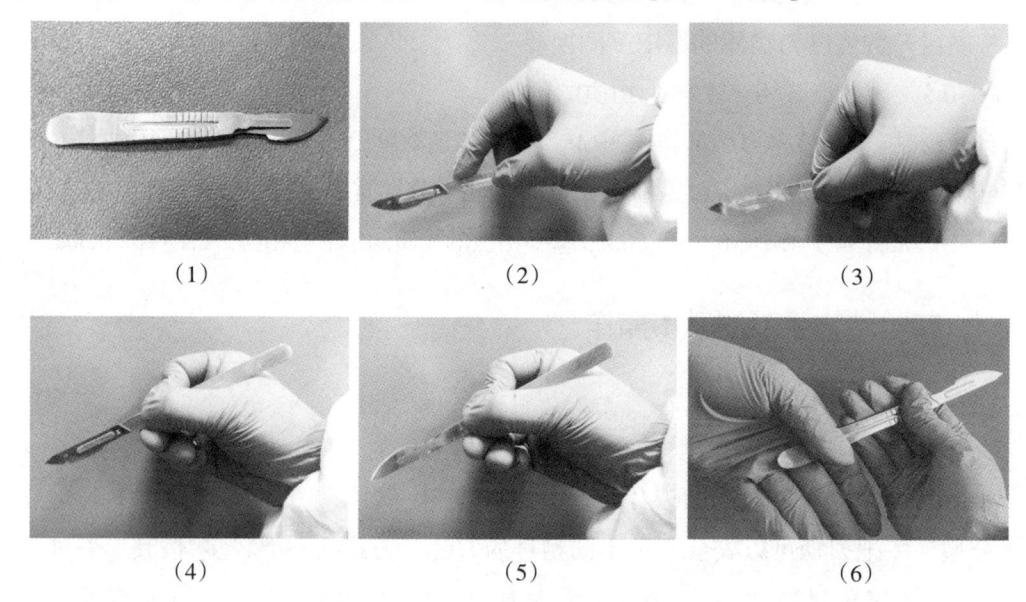

(1):手术刀;(2):执弓式;(3):握执式;(4):执笔式;(5):反挑式;(6):递刀方式

图1-5　手术刀、持刀方式及递刀方式

2.手术剪

手术剪分为组织剪和线剪两大类。组织剪刃薄、锐利,有直弯两型,大小、长短不一,主要用于分离、解剖和剪开组织。线剪多为直剪,又分为剪线剪和拆线剪,前者用于剪断缝线、敷料、引流物等,后者用于拆除缝线。结构上组织剪的刃较薄,线剪的刃较钝厚,使用时不能用组织剪代替线剪,以免损坏刀刃、缩短剪刀的使用寿命。拆线剪的结构特点是一刃尖直、一刃钝凹。

正确的执剪姿势为拇指和无名指分别扣入剪刀柄两环,中指放在无名指侧剪刀柄上,食指压在轴节处起稳定和导向作用[图1-6(1)、1-6(2)]。剪切组织时,一般采用正剪法,也可采用反剪法,还可采用扶剪法或其他操作方法。剪刀的传递:手握剪刀轴节处,将剪刀柄传递至术者。

3. 手术镊

手术镊用以夹持或提取组织,便于分离、剪开和缝合,也可用来夹持缝针或敷料等。其种类较多,有不同的长度,根据镊的尖端可分为有齿镊和无齿镊,还有为专科设计的特殊手术镊。

(1)有齿镊

前端有齿,齿分为粗齿与细齿。粗齿镊用于提起皮肤、皮下组织、筋膜等坚韧组织;细齿镊用于肌腱缝合整形等精细手术,夹持牢固,但对组织有一定的损伤作用。

(2)无齿镊

其尖端无钩齿,分尖头和平头两种,用于夹持组织、脏器及敷料。浅部操作时用短镊,深部操作时用长镊。无齿镊对组织的损伤较轻,用于脆弱组织、脏器的夹持。尖头平镊用于神经、血管等精细组织的夹持。

正确的持镊姿势是拇指对食指与中指,把持镊脚的中部,稳而适度地夹住组织。错误执镊既影响操作的灵活性,又不易控制夹持力度大小[图1-6(3)、图1-6(4)]。

4. 血管钳

血管钳是主要用于止血的器械,故也称止血钳。此外,血管钳还可用于分离、解剖、夹持组织,也可用于牵引缝线,拔出缝针或代替镊子使用。代替镊子使用时不宜夹持皮肤、脏器及较脆弱的组织,更不可紧扣钳柄上的轮齿,以免损伤组织。临床上血管钳种类很多,其结构特点是前端平滑,依齿槽床的不同可分为弯、直、直角、弧形、有齿、无齿等,钳柄处均有扣锁钳子的齿槽。临床常用的有蚊式血管钳、直血管钳、弯血管钳、有齿血管钳等。

血管钳的正确执法基本同手术剪,有时还可采用掌握法执钳。关闭血管钳时,只需用力捏紧两个扣环,血管钳将自动关闭。开放时用拇指和食指持住血管钳一个环口,中指和无名指持住另一环口,将拇指和无名指轻轻用力对顶一下,即可开放[图1-6(5)、图1-6(6)]。

血管钳的传递:术者掌心向上,拇指外展,其余四指并拢伸直,传递者握血管钳前端,以柄环端轻敲术者手掌,传递至术者手中。

5. 持针钳

持针钳也叫持针器,主要用于夹持缝合针来缝合组织,有时也用于器械打结,其基本结构与血管钳类似。持针钳的前端齿槽床短、柄长,钳叶内有交叉齿纹,可稳定夹持缝针,不易滑脱。使用时将持针钳的尖端夹住缝针的中、后1/3交界处。若夹在齿槽床的中部,则容易将针折断。

(1)持针钳的传递

传递者握住持针钳中部,将柄端递给术者。在持针钳的传递和使用过程中切不可刺伤其他手术人员。

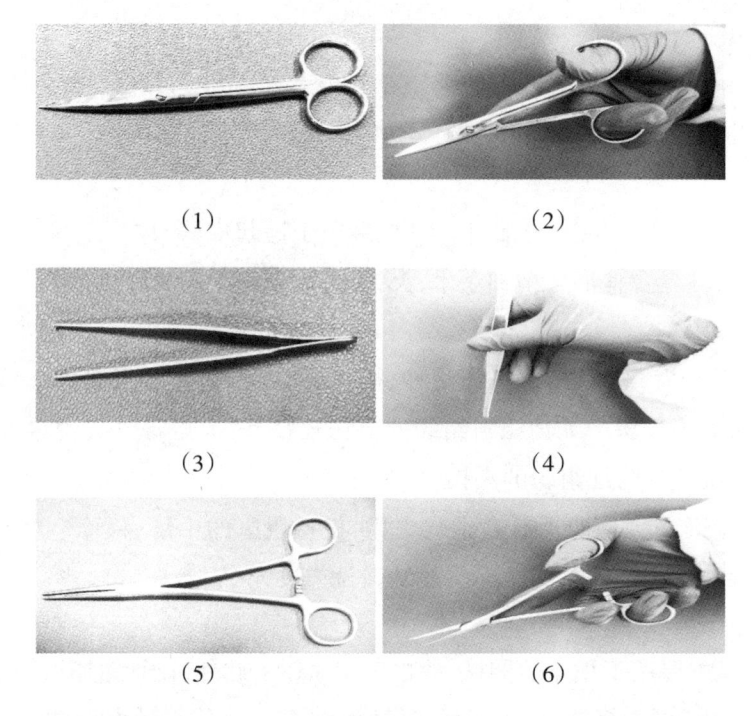

(1)：手术剪；(2)：执剪方式；(3)：手术镊；(4)：执镊方式；(5)：血管钳；(6)：执钳方式

图1-6　手术剪、手术镊、血管钳及其握执方式

(2)持针钳的执握方法

1)指扣式　为传统执法。用拇指、无名指套入钳环内,以手指活动力量来控制持针钳关闭,并控制其张开与合拢时的动作范围[图1-7(1)]。

2)掌指式　也叫单扣式。拇指套入钳环内,食指压在钳前半部作支撑引导,其余三指压钳环固定于手掌中,拇指可上下开闭活动,控制持针钳的张开与合拢[图1-7(2)]。

3)把抓式　也叫掌握法。用手掌握持针钳,钳环紧贴大鱼际肌上,拇指、中指、无名指及小指分别压在钳柄上,食指压在持针钳中部近轴节处,利用拇指及大鱼际肌和掌指关节活动张开持针钳柄环上齿扣[图1-7(3)]。

4)掌拇式　即食指压在钳前半部。拇指及其余三指压住柄环固定于手掌中。此法关闭松钳较容易,进针稳妥[图1-7(4)]。

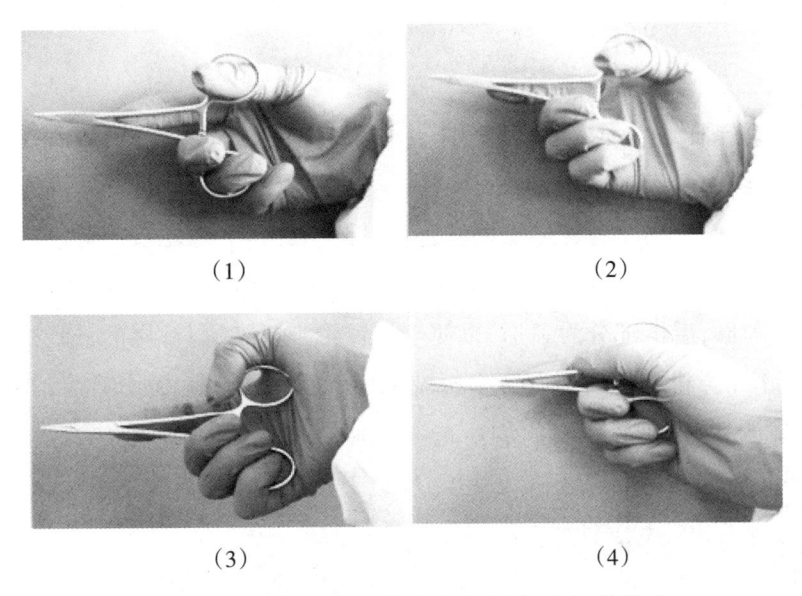

(1)：指扣式；(2)：掌指式；(3)：把抓式；(4)：掌拇式

图1-7 持针钳的执握方法

6.其他常用钳类器械

(1)布巾钳

简称巾钳,前端弯而尖,似蟹的大爪,能交叉咬合,主要用以夹持固定手术巾,并夹住皮肤,以防手术中移动或松开。注意使用时勿夹伤正常皮肤组织。

(2)组织钳

又叫鼠齿钳,其前端稍宽,有一排细齿似小耙,闭合时互相嵌合,弹性好,对组织的压伤较血管钳轻,创伤小,一般用以夹持组织,不易滑脱,也用于钳夹纱布垫及皮下组织的固定。

(3)海绵钳

也叫持物钳,钳的前部呈环状,分有齿和无齿两种。前者主要用以夹持传递已消毒的器械、缝合线、缝合针及引流管等,也用于夹持敷料作手术区域皮肤的消毒,或用于手术深处拭血和协助显露、止血;后者主要用于夹提肠管、阑尾、网膜等脏器组织,夹持组织时,一般不必将钳扣关闭。

(4)直角钳

用于游离和绕过重要血管及管状组织的后壁,如胃左动脉胆道、输尿管等。

(5)肠钳

有直、弯两种,钳叶扁平有弹性,咬合面有细纹,无齿,臂较薄,轻夹时两钳叶间有一定的空隙,钳夹的损伤作用很小,可用以暂时阻止胃肠壁的血管出血和肠内容物流动,常用于夹持肠管。

(6)胃钳

胃钳有多关节轴,压力强,齿槽为直纹,且较深,夹持不易滑脱,常用于钳夹胃或结肠。

7.缝合针

缝合针简称缝针,用于各种组织的缝合,由针尖、针体和针尾三部分组成。针尖形状有圆头、三角头及铲头三种;针体的形状有近圆形、三角形及铲形三种,一般针体前半部分为三角形或圆形,后半部分为扁形,以便于持针钳牢固夹紧;针尾的针眼是供引线所用的孔,分普通孔和弹机孔。目前有许多医院采用针线一体的无损伤缝针,其针尾嵌有与针体粗细相似的线,这种针线对组织所造成的损伤较小,并可防止在缝合时缝线脱针。临床上,根据针尖与针尾两点间有无弧度,将缝针分为直针、半弯针和弯针;按针尖横断面的形状可分为三角针和圆针。

(1)直针

适合于宽敞或浅部操作时的缝合,如皮肤及胃肠道黏膜的缝合,有时也用于肝脏的缝合。

(2)弯针

临床应用最广,适于狭小或深部组织的缝合。根据弧弯度不同分为1/4、3/8、1/2、5/8弧度等。几乎所有组织和器官均可选用不同大小弧度的弯针缝合。

(3)无损伤缝针

主要用于小血管、神经、外膜等纤细组织的吻合。

(4)三角针

针尖前面呈三角形(三菱形),能穿通较坚硬的组织,用于缝合皮肤、韧带、软骨和瘢痕等,但不宜用于颜面部皮肤缝合。

(5)圆针

针尖及针体的截面均为圆形,用于缝合一般软组织,如胃肠壁、血管、筋膜、腹膜和神经等。临床上应根据需要合理选择缝针,原则上应选用针径较细、损伤较小者。

(二)手术器械的消毒方法

1.灭菌法

(1)高压蒸汽灭菌法

该法应用普遍,效果可靠。高压蒸汽灭菌器可分为下排气式和预真空式两类。后者灭菌时间短,对需要灭菌物品的损害轻微,但价格贵,应用未普及。目前在国内广泛应用的为下排气式灭菌器,灭菌时间较长。这种灭菌器式样很多,有手提式、立式和卧式等多种,但其基本结构和作用原理相同,由一个具有两层壁能耐高压的锅炉所构成,蒸汽进入消毒室内,积聚而产生压力。蒸汽的压力增加,温度也随之升高。温度可达121~126 ℃,维持30 min,即能杀死包括具有顽强抵抗力的细菌芽孢在内的一切细菌,达到灭菌目的。

高压蒸汽灭菌器的使用方法:加足量水,将需要灭菌的物品放入消毒室内,紧闭盖子。先使蒸汽进入夹套,在达到所需控制压力后,将冷凝水泄出器前面的冷凝阀旋开少许,再将总阀开放,使蒸汽进入消毒室。冷凝阀的开放是使冷凝水和空气从消毒室内排出,以确保消毒室达到所需温度。此时,可看到夹套的蒸汽压力下降,消毒室蒸汽压力上升。在消毒室温度达到预选温度时,开始计算灭菌时间。灭菌完成后,让消毒室内蒸汽自然冷却或予以排气。在消毒室压力表下降到"0"位1~2 min后,将门打开,再等10~15 min后取出已灭菌物品。由于余热作用和蒸发,包裹即能干燥。物品灭菌后,一般可保留2周。

高压蒸汽灭菌法多用于一般能耐受高温的物品,如金属器械、玻璃、搪瓷、敷料、橡胶类等。各类物品灭菌所需时间、温度和压力见表1-2。

表1-2 不同物品灭菌所需时间、温度和压力

物品种类	灭菌所需时间/min	蒸汽压力/kPa	表压/psi	饱和蒸汽温度/℃
橡胶类	15	104.0~107.9	15~16	121
敷料类	15~45	104.0~137.3	15~20	121~126
器械类	10	104.0~137.3	15~20	121~126
器皿类	15	104.0~137.0	15~20	121~126
瓶装溶液类	20~40	104.0~137.0	15~20	121~126

注:1 MPa=145 psi。

(2)煮沸灭菌法

本法适用于金属器械、玻璃及橡胶类等物品的灭菌。将待灭菌物品浸入水中煮沸至100 ℃后(橡胶及丝线类于煮沸后再浸入水中),持续15~20 min,一般细菌可被杀灭,但芽孢型细菌至少需要煮沸1 h才能被杀灭。如在水中加2%碳酸氢钠溶液,沸点可提高到105 ℃,并可防止金属物品生锈。高原地区气压低、沸点低,故海拔每增高300 m,一般应延长灭菌时间2 min。为了节省时间和保证灭菌质量,在高原地区,可用压力锅来煮沸灭菌。压力锅的蒸汽压力一般为127.5 kPa,锅内最高温度能达到124 ℃左右,10 min即可灭菌。

注意事项:①物品必须完全浸没在水中,才能达到灭菌目的。②橡胶和丝线类应于水煮沸后放入,持续煮沸15 min即可取出,以免时间过久影响质量。③玻璃类物品要用纱布包好,放入冷水中煮,以免骤热而破裂,如为注射器,应拔出其内芯,用纱布分别包好针筒、内芯。④灭菌时间应从水煮沸后算起,如果中途加入其他物品,应重新计算时间。

⑤煮沸器的锅盖应严密关闭,以保持沸水温度。

(3)火烧法

在紧急情况下,金属器械的灭菌可用此法。将器械放在搪瓷或金属盆中,倒入95%乙醇少许,点火直接燃烧,但此法常使锐利器械变钝,又使器械失去光泽,一般不宜应用。

2.消毒法

(1)药液浸泡消毒法

锐利器械、内腔镜等不适于热力灭菌器械,可使用化学药液浸泡消毒。常用的化学消毒剂有下列几种。

1)1:1000新洁尔灭溶液　浸泡时间为30 min,常用于刀片、剪刀、缝针消毒。1000 mL新洁尔灭加入医用亚硝酸钠5 g,配成"防锈新洁尔灭溶液",有防止金属器械生锈作用。药液宜每周更换1次。

2)75%乙醇　浸泡30 min,用途与新洁尔灭溶液相同。乙醇应每周过滤,并核对浓度1次。

3)10%甲醛溶液　浸泡时间为30 min,适用于输尿管导管、塑料类、有机玻璃消毒。

4)2%戊二醛水溶液　浸泡10~30 min,用途与新洁尔灭溶液相同,但灭菌效果更好。

5)1:1000洗必泰溶液　抗菌作用较新洁尔灭溶液强,浸泡时间为30 min。

注意事项:①浸泡前,要擦净器械上的油脂。②要消毒的物品必须全部浸入溶液中。③有轴节的器械(如剪刀),轴节应张开,管瓶类物品的内外均应浸泡在消毒液中。④使用前,需用灭菌生理盐水将消毒液冲洗干净,以免组织受到药液的损害。

(2)甲醛蒸汽熏蒸法

用24 cm有蒸格的铝锅,蒸格下放一量杯,加入高锰酸钾2.5 g,再加入40%甲醛(福尔马林)溶液5 mL。蒸格上放丝线,熏蒸1 h,即可达消毒目的,丝线不会变脆。

清洁、保管和处理:一切器械、敷料和用具在使用后,都必须经过一定处理,才能重新进行消毒,供下次手术使用。其处理方法随物品种类、污染性质和程度而不同。凡金属器械、玻璃、搪瓷等物,在使用后都须用清水洗净,特别需注意沟槽轴节等处的去污,金属器械还须擦油防锈,各种橡胶管还需注意冲洗内腔,然后擦干。

(三)组织分离和插管术

1.除去被毛

(1)剪毛法

用哺乳类动物做实验时,在做皮肤切口前应先将动物麻醉并固定。然后用毛剪将预定切口部位及其周围的长毛剪除,范围要大于切口长度。剪时一手将皮肤绷平,另一手持毛剪平贴皮肤,逆着毛的朝向逐渐剪毛。不要把毛提起来剪,这样会剪伤皮肤。剪下的毛应放入盛水的杯中浸湿,以免到处飞扬。

(2)拔毛法

用拇指和食指拔去被毛的方法。在兔耳缘静脉注射时常用此法。

(3)剃毛法

用剃毛刀剃去动物被毛的方法。如动物被毛较长,先要用剪刀将其剪短,再用刷子蘸上温热的肥皂水将剃毛部位浸透,然后再用剃毛刀除毛。本法适用于暴露外科手术区。

(4)脱毛法

是用化学药品脱去动物被毛的方法。首先将被毛剪短,然后用棉球蘸取脱毛剂,在所需脱毛的部位涂一薄层,2~3 min后用温水洗去脱落的被毛,用纱布擦干,再涂一层油脂即可。常见的适用于犬等大动物的脱毛剂配方:硫化钠10 g,生石灰15 g,溶于100 mL水中。适用于兔、鼠等小动物的脱毛剂配方:①硫化钠3 g、肥皂粉1 g、淀粉7 g,加适量水调成糊状;②硫化钠8 g、淀粉7 g、糖4 g、甘油5 g、硼砂1 g,加水75 mL;③硫化钠8 g,溶于100 mL水中。

2. 切口和止血

做皮肤切口时应根据实验需要确定切口的位置和大小,必要时要做出标志。切口大小应便于深部手术操作,但不宜过大。术者一手拇指和食指绷紧皮肤,另一手持手术刀,以适当的力量一次切开皮肤及皮下组织,直到肌层。也可用组织剪先剪一小口,然后再向上、向下剪到需要大小。做切口时必须注意解剖结构特点,以少切断血管、神经为原则,因而要尽可能使切口与各层组织纤维走向一致。在手术过程中必须及时止血,保持手术视野清晰。出血的处理应视血管大小而定,微血管不断渗血可用温生理盐水纱布轻轻按压止血;较大血管出血,先用止血钳夹住出血点及周围少许组织,再用线结扎止血;骨组织出血,先擦干创面,再用骨蜡填充堵塞止血;肌肉血管丰富,出血时要与肌组织一起结扎。干纱布只用于吸血和压迫止血,切不可用来揩擦组织,以免组织损伤和刚形成的血凝块脱落。在实验暂歇期间,应将切口暂时闭合,用温生理盐水纱布盖好,以防组织干燥和体热散失。

3. 肌肉、神经、血管的分离

分离肌肉时,若切口与肌束方向平行,应尽量用血管钳从肌间隔进行钝性分离;若不平行,则应两端先用血管钳夹住,再从中间剪断。分离神经、血管时,应特别注意保持局部的自然解剖位置和比邻关系,看清楚后再遵循先神经后血管、先细后粗的原则进行分离。例如,分离家兔颈部神经、血管时,应首先用左手拇指、食指捏住颈部皮肤切口边缘和部分肌肉向外侧牵拉,用中指和无名指从外面将背侧皮肤向腹侧轻轻顶起,以显露颈总动脉及伴行的迷走神经、交感神经和减压神经。其中,迷走神经最粗,交感神经次之,减压神经最细(细如兔毛),且常与迷走神经或交感神经紧贴。各结构分辨清楚,按照减压神经、交感神经、迷走神经、颈总动脉的顺序分离各神经和血管,并在各神经、血管下方穿以浸透生理盐水的不同颜色丝线做标记,以备刺激时提起或结扎之用。然后用生理盐水纱布覆盖切口,以防组织干燥。

神经和血管都是易损伤的组织,在分离过程中要细心,动作要轻柔,绝不能用镊子或止血钳直接夹持神经、血管。分离较小的神经、血管时,可用玻璃分针沿神经、血管走向进行分离;分离较大神经血管时,可先用蚊式止血钳将周围的结缔组织稍加分离,并沿分离处插入,顺血管方向逐渐扩大。

4.插管术

(1)气管插管

在哺乳动物急性实验中,要检测呼吸机能、收集呼出气体样品,或为了保证动物呼吸通畅等,需要进行气管插管。动物取仰卧位固定,剪去颈前区被毛,于喉头下方至肋骨上缘之间做正中切口。切口长短因动物不同而异,兔4~5 cm,狗可稍长。切口位置不能太低,否则把胸腔打开可造成气胸,引起动物死亡。用止血钳分开颈前正中肌肉,暴露出气管,分离气管两侧及其与食管间的结缔组织。游离气管并在下方穿一粗丝线备用,用组织剪在喉头下方2~3 cm的两软骨环间,横向剪开气管前壁(约1/3气管壁),然后再向头端剪一约0.5 cm纵切口,使整个切口呈反"T"字形。将口径适当的气管插管由切口向肺端插入气管腔内,用事先穿过的线将气管及气管插管一起打死结扎,结扎线再绕在气管插管叉上结扎固定,以防气管插管滑脱。喉头处容易出血,如气管内有出血或分泌物,应用棉球擦净后再进行插管。

(2)血管插管

在急性动物实验中,进行药物对动脉血压的影响,或向静脉注射各种药物等实验时,需进行血管插管术。动脉插管常取颈总动脉、股动脉,静脉插管常取颈总静脉、股静脉等。药理学实验较多用兔作为实验对象,下面以兔为例,介绍几种血管插管术。

1)颈总动脉插管

按照上述气管插管术做颈正中切口后,从兔耳缘静脉注入肝素1 000 IU/kg。用左手拇指、食指捏住颈部皮肤切口缘和部分肌肉向外牵拉,用中指和无名指从外面将背侧皮肤向腹侧轻轻顶起,即可清晰显露颈总动脉。右手持玻璃分针顺颈总动脉走向轻轻划开其周围的结缔组织,游离颈总动脉2~3 cm(尽量向头端分离),在颈总动脉下方穿两根丝线备用。远心端用一根丝线结扎牢固,近心端用动脉夹夹闭,另一根丝线位于中间备用。在尽可能靠远心端结扎处用眼科小剪刀呈45°角向心脏端将颈总动脉剪成"V"形小口,剪口为血管管径的1/3~1/2,向心脏方向插入已灌满肝素的动脉插管(注意插管内不能有气泡),用备用的丝线将插管与动脉打双结牢固结扎,再将线向两侧绕在插管胶布圈上并扎紧,以防插管滑出。松开动脉夹可见插管内液体随心跳而搏动。如有渗血说明结扎不牢固,应再次用动脉夹夹闭血管近心端,重新结扎或加固。

颈总动脉插管术是药理学实验中一项常用的细致的实验技术,能否顺利完成是整个实验的关键。操作时动作要轻柔、仔细;每个结都要打牢固,以免漏血;动脉切口大小要适宜,位置要尽可能靠远心端结扎;注意动脉插管三通管的开关顺序。

2)颈总静脉插管

颈总静脉分布很浅,位于颈部左、右两侧皮下,胸骨乳突肌(狗为胸头肌)的外缘。颈总静脉插管术所需材料与颈总动脉插管术相似,但一般不用肝素。操作时,用左手拇指、食指提起颈部切口皮缘向外侧牵拉(但不要捏住肌肉),中指和无名指从外面将颈外侧皮肤向腹侧轻顶,使其稍微外翻,右手用玻璃分针将颈部肌肉推向内侧,即可清晰显露附着于皮肤的颈总静脉。用玻璃分针或蚊式止血钳钝性分离颈总静脉周围结缔组织,游离颈总静脉2~3 cm,在其下方穿两根丝线备用。用动脉夹夹闭颈总静脉游离段的远心端,用一根丝线结扎其近心端。术者左手提起结扎线,右手用眼科剪成45°角,于近结扎处向远端将颈总静脉剪"V"形小口,然后将充满生理盐水的静脉导管向远心端方向插入颈总静脉内2 cm,用另一丝线将静脉与导管结扎并固定,以防导管滑脱,然后放开动脉夹。

3)股动脉和股静脉插管

由于颈总动脉插管过程中会不可避免地影响压力和化学感受性反射,而股动脉插管则无此影响,故有人主张用股动脉插管检测动脉血压、放血、采取动脉血样。股动脉和股静脉插管与颈总动脉、静脉插管术所需的器材相似,但导管直径应适合于股动脉和股静脉。将动物麻醉,仰卧固定,剪去腹股沟部位被毛。术者先用手指感触股动脉搏动,以确定股部血管的位置,然后沿血管走向切开皮肤3~4 cm。用蚊式止血钳顺血管走向钝性分离筋膜和肌肉(熟练者用眼科剪更为方便),暴露血管和神经。一般股动脉在背外侧,可被股静脉掩盖,呈粉红色,壁较厚,有搏动;股静脉在股动脉腹内侧,紫蓝色,壁较薄,较粗;股神经位于股动脉背外侧。用玻璃分针顺血管方向轻轻划开神经、血管鞘和血管之间的结缔组织,游离股动脉或股静脉2~2.5 cm,并在其下方穿两根丝线备用。插管方法同颈部血管插管。

(3)泌尿道插管

膀胱插管、输尿管插管、尿道插管都用于收集尿液以观察药物对肾泌尿功能的影响。它们各有特点,可根据实验及其所用的动物等选择其中的一种方法。

1) 膀胱插管

将动物麻醉后仰卧位固定,剪去耻骨联合以上的下腹部被毛。在耻骨联合上方沿正中线做3~5 cm长的皮肤切口,即可看见腹白线。术者与助手配合分别用止血钳夹持提起腹白线两侧腔壁,用组织剪经腹白线剪开腹壁0.5 cm,进入腹腔。在看清腹腔内脏的条件下,用组织剪沿腹白线向上和向下剪开腹壁4~5 cm,直至耻骨联合上沿,即可看到膀胱。用手将膀胱翻至体外(勿使肠管外露),在膀胱底部左右侧仔细辨认输尿管。在输尿管下方穿线,将膀胱上翻,结扎尿道(结扎前请老师确认)。然后在膀胱顶部血管较少处剪一小口。将充满水的膨胀插管(有凹陷的一端)插入,用线将膀胱壁结扎在膀胱插管凹陷处并固定。插管的另一端固定在铁支架受滴棒上方,让插管中流出的尿液恰好滴在受滴棒上。注意受滴棒的两电极不要相碰,在引流管下置一培养皿收集尿液。

2) 输尿管插管

按膀胱插管的方法在膀胱底部膀胱三角的两侧找到输尿管后,用玻璃分针仔细分离出一段输尿管,并在下方穿两根丝线备用。用一根丝线将输尿管膀胱端结扎,术者左手拇指、中指提起结扎线,用食指托起输尿管(或左手用刀柄或镊子柄托起输尿管),右手用眼科剪与输尿管呈45°角在近结扎处将输尿管向肾脏方向剪"V"形小口,剪口为输尿管直径的1/3~1/2,然后将充满生理盐水的输尿管插管向肾脏方向插入输尿管2~3 cm。用另一根丝线将输尿管与插管结扎并固定,以防输尿管插管滑脱。

3) 尿道插管

尿道插管是收集尿液最简单的方法,可用于反映较长一段时间尿量变化的实验。雄兔比雌兔更易操作。先选择合适的导尿管,在其头端长度1~2 cm处涂上液体石蜡,以减小摩擦。在兔尿道口滴几滴丁卡因(地卡因)进行表面麻醉,然后将导尿管从尿道口插入。见尿后再进一点,用线和胶布固定导尿管。中途若发现无尿流出可改变导尿管方向,或向外、向内进退一点以保证尿流通畅。

5. 腹壁切开法

直线切开皮肤及其疏松结缔组织、筋膜,切开腹外斜肌。钝性分离腹内斜肌,必要时也可切断。钝性分离腹横肌及其筋膜,筋膜可锐性分离,显露腹膜外脂,腹膜外脂多时可摘除一部分,然后剪开腹膜,用灭菌大纱布保护切口。

八、动物实验意外事故的处理

(一)麻醉过量和窒息

如果在麻醉、手术操作或实验过程中动物出现严重异常情况,应立即采用急救措施,以保证实验顺利进行。

1.麻醉剂过量的处理

根据麻醉过深的程度不同采取不同的处理方法。呼吸慢而不规则,血压或脉搏仍正常,一般施以人工呼吸或小剂量可拉明肌注。呼吸停止但仍有心跳时,给苏醒剂并进行人工呼吸,人工呼吸机的吸入气最好用混合气体($95\%O_2+5\%CO_2$)。呼吸、心跳均停止,心内注射1∶1 000肾上腺素1 mL,用人工呼吸机人工通气,并进行心脏按压,肌注苏醒剂,静脉注射50%葡萄糖液。

常用苏醒剂:尼可刹米2~5 mg/kg;洛贝林0.3~1.0 mg/kg;咖啡因1 mg/kg。

2.窒息的处理

窒息的原因很多,窒息的急救应根据不同原因进行相应救护。解除气道阻塞和引起缺氧的因素,部分动物可以迅速恢复呼吸。具体措施如下:呼吸道阻塞引起窒息后,上抬动物下颌或后颈部,使头部伸直后仰,解除舌头回缩,使气道畅通。然后用手指或用吸引器将口咽部呕吐物、血块、分泌物及其他异物挖出或抽出。当异物滑入气道时,可使动物俯卧,用拍背或压腹的方法,拍挤出异物。颈部受扼引起窒息时,应立即松解或剪开颈部的扼制物或绳索。若呼吸停止就立即进行人工呼吸,若动物有微弱呼吸可给予高浓度吸氧。

(二)大出血的处理

若手术过程中不慎损伤血管,出血致使血压下降,首先压迫出血部位,找准出血点,结扎止血,再静脉注入温热生理盐水,使血压恢复或接近正常水平。条件允许时可以向动物输血。

第三节　实验设计概述

兽医药理学实验课通过做一些已经设计好的实验来验证理论课所学的理论知识并熟悉实验的基本操作技能，进而培养设计实验并进行探索性科学研究的基本能力。因此，兽医药理学实验课程要求进行实验设计，并完成所设计的实验及资料整理、实验报告撰写及答辩等工作。

一、实验设计的基本程序

兽医药理学实验设计的基本程序包括选题、制订实验方案(研究方法、技术路线、开题汇报)、实施过程、数据整理和资料总结、撰写实验报告、结题答辩等环节。下面重点介绍选题、制订实验方案、准备与实施等部分。

(一)选题

选题(或称立题)就是要确定所要研究探索的科学问题，是科学研究工作中的第一项重要步骤，其过程包括发现和提出问题、分析问题、提出自己的科学假说。

1.选题原则

科学研究的选题应具有目的性、创造性、科学性和可行性。

(1)目的性

选题应明确、具体地提出拟解决的科学问题，应具有明确的理论和实践意义。

(2)创造性

创新是科学研究的灵魂。选题的创新性在于有新的发现、获得新的理论或实践突破，建立新的技术方法，或发明创新等。

(3)科学性

选题应有充分的科学依据，不违背已证实的基本科学原理，不是毫无根据的胡思乱想。

(4)可行性

选题应现实可行，现有的主客观条件可以满足，使得所选定的课题能够得到实验工作的证实。

2.选题确立的过程

选题确立的过程就是新的学术思想产生的过程。首先，要了解所涉及领域的现状和背景，通过检索、查阅有关文献资料并进行综合分析，了解前人或他人在这一领域已做的相关工作、已取得的成果及尚未解决的问题、目前的进展和动向。在此基础上，找出需要解决的重要问题作为自己的研究课题。总之,选题时应明确这样几个问题:①为什么要研究这个问题(科学意义);②目前对这一问题的研究现状如何,以及还存在哪些问题;③本课题的理论和实践依据是什么。

一般由教师介绍开展设计实验的目的、意义、选题、设计实验、实验准备、完成实验、整理结果及写出报告的全过程。然后由教师介绍仪器设备及实验条件,使学生选出切合实际的课题。选题确定后,必须在理论上对所拟解决的问题作出解释和提供预期答案,就是提出一种学术观点或本课题工作假说。假说的建立必须具备以下条件:详细地掌握材料;活跃、清晰的逻辑思维;理论模型可以经实验证伪,即可以用具体实验手段来验证的设想。由于事物的复杂性和多样性,对某些复杂的问题,不同的人可能提出不同的假说。

(二)制订实验方案

选题和工作假说确定后,要将选题思想转化为具体的研究目标和围绕该目标所展开的研究内容。包括选择具体的研究方案,采用的方法技术和观察指标,提出总体的工作(或工艺)流程:先做什么、后做什么、分几种处理观察等,这就是技术路线。概括起来,即在实验设计时要考虑三个要素:处理因素(即调查事物变化的原因)、受试对象、实验效应(用何种方法和什么指标才能观察到处理因素引起受试对象的变化)。学生根据本组可选课题,分别查阅有关文献资料、分工负责、汇集讨论,最后写出实验方案,实验方案制订后组织小组答辩,答辩通过后方可进行实验。

(三)准备与实施

1.预备实验

筛选实验效益指标、实验处理因素和实验方法,检查准备工作是否完善,为正式实验提供修改意见。

2.实验结果的观察与记录

实验动物在实验前应进行消毒处理,在实验室内暂养(一般为7~14 d)后筛选出符合条件者用于实验。分组后,测定实验动物的基本体征指标;施加实验因子后观察动物的状况,并加以记录。内容包括:实验名称、日期、实验操作者、实验动物分组、规格、年龄、性别、来源、健康状况等,施加的处理因素、种类、来源、剂量、给予方法等,使用的仪器设备、饲养条件和管理方法,检测内容、指标名称、单位、数值等。

3.实验结果的分析和处理

对原始数据进行生物统计学处理,计算平均值、标准差、相关系数等,制成统计表或图,做相应的统计检验。处理原始数据时必须真实、客观。实验结果的表达方式有表格、曲线、图形、照片、录像等。

二、实验设计的基本原则

兽医药理学实验的基本目的是通过实验认识药物的作用特点和规律。由于生物个体之间存在差异性,不同个体对药物的反应性不尽相同,要取得精确可靠的实验结论,使实验重现率达到较高水平,必须进行实验设计和统计分析。兽医药理学实验设计是建立在逻辑推理和统计分析基础上的一门科学。其主要原则有三个:重复、随机和对照。

(一)重复

重复的目的是检验实验结果的重现率。重现率越高,实验结果的可信性就越好。重现率在95%以上者,可认为实验结果相当可靠。如进行两种药物间比较,则可认为两药的平均值或有效率的差别有显著意义,并用"P(概率)<0.05"来表示,即不能重现的可能性小于5%;重现率在99%以上者,可认为实验非常可靠,可作出差别有非常显著意义的结论,并用"$P<0.01$"来表示。重现率小于95%者,说明可重复同样实验100次,将有5次以上的机会出现相反的结果,因此认为两种药物的差别可能是个体差异造成的,统计学上可作出"两组差别无统计学意义"的结论,并以"$P>0.05$"来表示。但这种结论并不意味着两组无差别,更不是说两组相同,通常可在检查原因后,改进实验条件,增加动物校本数,还有可能改善实验的重现率,达到统计学上有显著意义的水平。实验结果的实际价值不但需从统计结论看,还应从专业角度来评定。在统计学上都是达到$P<0.05$的水平,例数多者并不一定比例数少者更有价值。但为了得出正确的结论,根据实验的重复原则,对各类动物重复数量可提供一个大体范围供实验时参考。

1.样本数量的基本要求

测量资料多用大动物,属性资料则用小动物,一般每组20~100例。下面列出一般测量资料所需的例数,如按剂量分3~5组用药,则每组例数还可以减少一半,但每组不得少于5例。小动物(小鼠、大鼠、鱼、蛙):每组10~30例;中等动物(兔、豚鼠):每组8~20例;大动物(犬、猫、猴):每组5~20例。也可根据以往的资料估算实验例数。

2.按统计学公式测算样本数

(1)量反应两组均数对比所需样本数测算公式:

$$n = R \times \left(\frac{S}{X_1 - X_2}\right)^2 + 2$$

式中:n为每组估计例(只)数,总例数为$2n$;X_1-X_2为两组均数之差;S为两组总标准差,可近似计算成S_1与S_2的平均值。R值可通过实验者自己规定的把握度(如90%)和显著性水平(如双侧检验,$P=0.05$)从表1-3查得。

(2)质反应两组均数对比所需样本数测算公式：

$$n = R \times \left[1 - \frac{(P_1 + P_2 - 1)^2}{(P_1 + P_2)^2} \right]$$

式中：n为每组估算例数，总例数为$2n$。P_1和P_2为已知的两个阳性率，用小数点表示。R值根据把握度和显著性水平从表1-3查得。

表1-3　估算样本例数的R值

资料性质把握度			量反应两组对比			质反应两组对比		
			80%	90%	95%	80%	90%	95%
显著性水平	双侧	$P=0.05$	15.8	20.9	26.0	3.92	5.25	6.52
		$P=0.05$	24.9	30.0	35.1	5.86	7.45	8.95
	单侧	$P=0.05$	11.9	17.0	22.1	3.10	4.30	5.45
		$P=0.05$	21.0	26.1	31.2	5.02	6.52	7.92

（二）随机

1.随机的意义

随机就是使每个实验研究对象（如动物）在接受用药、化验、观察、抽样、分组处理时，都有相同的机会，而不受研究者主观意愿支配或客观因素的干扰，从而缩小实验偏差。因此，随机是实验中的重要原则。

2.实验设计中随机抽样分配方法

（1）完全随机设计

将实验动物编号，从随机数字表上任意横行、纵行或斜行的任意数字开始，顺序取下数字，标于每个动物号下，然后用计划组数去除随机数字，所得余数即为所属组别，如表1-4。这样分组的结果往往是各组动物数不等，可继续从随机数字表上取随机数字，用该组的动物数除第一个随机数字，余数就是按顺序编号应取出的动物；余下的动物数除第二个随机数字，依此类推，可使各组动物数相等。分别见表1-5、表1-6。

表1-4　20只动物完全随机分配

编号	1	2	3	4	5	6	7	8	9	10	11	12	13	14	15	16	17	18	19	20
随机数字	12	56	85	99	26	96	96	68	27	31	5	3	72	93	15	57	12	10	14	21
余数	0	0	1	3	2	0	0	0	3	3	1	3	0	1	3	1	0	2	2	1
组别	四	四	一	三	二	四	四	四	三	三	一	三	四	一	三	一	四	二	二	一

表1-5　完全随机分配后各组动物号

组别	动物号						
一	3	11	14	16	20	—	—
二	5	18	19	—	—	—	—
三	4	9	10	12	15	—	—
四	1	2	6	7	8	13	17

表1-6　最终分配结果

组别	动物号				
一	3	11	14	16	20
二	5	18	19	2	7
三	4	9	10	12	15
四	1	6	8	13	17

（2）随机区组设计

如将20只雌性大鼠随机分为4组,方法为:

1)将大鼠称重,按体重顺序依次编号,然后取20个随机数字,依次标在每一只大鼠的编号下。

2)按大鼠编号顺序每4只为一区组,用随机数字分别除以4、3、2、1,以余数分组,一般余数即为组别,0余数属最后一组。

3)当同一区组内余数相同时,非0余数按顺序分配至未分配动物的首位组,0余数按顺序分配至未分配动物的末尾组。这样可以使每组动物的体重大致相近,减少实验误差,如表1-7、表1-8。

表1-7　20只大鼠随机区组设计分组表

编号	1	2	3	4	5	6	7	8	9	10	11	12	13	14	15	16	17	18	19	20
随机数字	16	22	77	94	39	49	54	43	54	82	17	37	93	23	78	87	35	20	96	43
除数	4	3	2	1	4	3	2	1	4	3	2	1	4	3	2	1	4	3	2	1
余数	0	1	1	0	3	1	0	0	2	1	1	0	1	2	0	0	3	2	0	0
组别	四	一	二	三	三	一	四	二	二	一	三	四	一	二	四	三	三	二	四	一

表1-8　最终分配结果

组别	动物号				
一	2	6	10	13	20
二	3	8	9	14	18
三	4	5	11	16	17
四	1	7	12	15	19

(3)配对随机分组

把每两个性别、体重及其他因素基本相同的动物匹配成若干对,然后将每对动物随机分配到两组中,使两组的动物数、性别、体重取得均衡,以减少组间的生物学差异。

(4)拉丁方随机分组

凡是纵行、横行均无重复数字的方阵称拉丁方。这种分组方法适用于多因素实验研究的设计。如观察某种药物4个不同剂量(4种处理)的效应,要求不仅1、2、3、4号(组)动物都各注射1次,而且每次注射时都必须有这4种剂量,这样可以消除动物个体差异和用药顺序带来的影响。一般先将4个剂量编成A、B、C、D 4个号码,然后按4×4拉丁方阵排列(表1-9),每只(组)动物纵行不受重复处理影响,也不受重复处理影响。但是B药之前总是A药,D药之前总是C药,C药之前总是B药。如设计成超级拉丁方阵(表1-10),则每一药物之前受其他3种药残余影响各1次(如A药之前,B、C、D各出现1次),使干扰因素更趋一致。

表1-9 普通拉丁方

动物组号		1	2	3	4
用药次序	1	A	B	C	D
	2	B	C	D	A
	3	C	D	A	B
	4	D	A	B	C

表1-10 超级拉丁方

动物组号		1	2	3	4
用药次序	1	A	B	C	D
	2	B	D	A	C
	3	C	A	D	B
	4	D	C	B	A

(三)对照

对照是比较的基础,没有对照就没有鉴别,也谈不上科学性。

1.对照的原则

对照组与用药组间应符合"齐同可比"的原则,即除了要研究的因素(如药物)以外,对照组的一切条件与用药组完全"齐同",具有可比性。例如,实验中动物的体重、性别、种属、实验条件、设施、环境、饲料及用药时间等都必须一致,只有这样才具有可比性。可比性是实验中最重要的基本原则。

设立对照组,一方面可以减少干扰因素的影响,突出用药的真正效果;而另一方面也有利于控制实验条件,保证实验的可靠性。例如,平喘喷雾法实验中,设立盐水及氨茶碱与新药同时实验,如果氨茶碱组不出现平喘作用,就意味着实验中出现了偏差。

2.对照分组

兽医药理学实验中常采用不同类型的分组对照,通过组间显著性差异,反映组间有无本质差别,分组的类型有以下几种。

(1)阴性对照组

包括:A.空白对照组,不含研究中处理因素(药物)的对照,应为阴性结果。B.假处理对照组,即除不用被研究的药物外,对照组的动物要经受同样的处理。如麻醉手术,注射不含药的溶媒等。这样对照可比性好,较常用。C.安慰剂对照组,人医常用。临床研究中病人的心理状况对药效影响很大,为此推荐采用外形一致、气味相同,但不含主药品的乳糖或淀粉剂,作为对照组,称之为"安慰剂"。设立安慰剂有利于正确评定药效,也可避免将上述"不良反应"归因于受试的新药。

(2)阳性对照组

以具有肯定疗效的药物作为阳性对照,该组应为阳性结果,如平喘用氨茶碱、利尿用双氢克尿塞、抗心绞痛用硝酸甘油、镇痛用吗啡等。设立阳性对照可评定药物效价的强度,也可判定该次实验结果是否可靠。如阳性药物不能获得阳性结果,则本实验的结果值得怀疑。

(3)实验组

1)不同剂量组　药理研究中,常设置不同剂量实验。组间条件非常相近,可比性很强,如果药效随剂量而增加,就充分说明反应确是由药物引起的,一般取3～5个剂量,剂量间呈等比关系,即剂量对数值间是等差关系。

2)不同制剂组　药理研究中,常将提取的有效成分分组对比,借以了解有效成分何者最多。或采用相同的主药剂量但改变制剂的pH值或附加成分,以分析各种因素对药效的影响。

3)不同组合　对比两种或多种药物不同比例的组合,目的在于分析药物的相互作用。

4)各组实验对象的例数　实验结论的重现率与可靠性同各组实验例数有关,但还要考虑实验误差问题。如果药效强大,两组差别大,实验误差又小,通常20～30例可获得$P<0.05$,即重现率大于95%的实验结论;反之,如果必须要数百例上千例才能达到$P<0.05$水平,这就意味着药物疗效并不突出,两组差别不大,或实验本身的误差波动很大。对于这种实验除了进行统计学分析以外,还要从药理专业角度考虑,这种差别有没有临床意义。实验对象的例数参见"样本数量的要求及测算"部分。

第四节　实验室的生物安全

生物安全通常是指在现代生物技术的开发和应用过程中,为避免对人体健康和生态环境造成潜在威胁而采取的一系列有效预防和控制措施。广义的生物安全可分为三个方面:人类的健康与安全;人类赖以生存的农业生物安全;与人类生存息息相关的生物多样性,即环境生物安全。科技工作者必须考虑生物安全问题,因为在实验动物或动物实验的工作中,存在着各种危险的生物因素。

动物实验过程中,生物危害因素主要来自动物所感染的各种微生物,或为不合格实验动物所携带的各种人畜共患病的病原体。在应用这些动物进行实验期间,这些病原菌可能会传染给接触人员。实验人员可能会因为缺乏经验或不了解实验设备及功能,甚至违章操作,从而造成对实验人员的感染或环境的污染。

1.病原微生物分类

国家根据病原微生物的传染性、感染后对个体或者群体的危害程度,将病原微生物分为以下四类。

第一类病原微生物,是指能够引起人类或者动物非常严重疾病的微生物,以及我国尚未发现或者已经宣布消灭的微生物。

第二类病原微生物,是指能够引起人类或者动物严重疾病,比较容易直接或者间接在人与人、动物与人、动物与动物间传播的微生物。

第三类病原微生物,是指能够引起人类或者动物疾病,但一般情况下对人、动物或者环境不构成严重危害,传播风险有限,实验室感染后很少引起严重疾病,并且具备有效治疗和预防措施的微生物。

第四类病原微生物,是指在通常情况下不会引起人类或者动物疾病的微生物。

其中,第一类和第二类病原微生物统称为高致病性病原微生物。

2.病原微生物分级

将病原微生物分级是对其危害进行正确评估的依据,主要根据其对人类的危险程度,将病原体的安全度分为四级。值得注意的是,有些病原微生物,诸如小鼠易感的仙台病毒、小鼠肝炎病毒,大鼠易感的肺炎支原体以及兔出血热病毒等,虽对人类无致病性,在分类上被列为I级,但易导致实验动物间交叉感染,严重影响实验动物的健康,进而影响实验结果的准确性。

危害等级Ⅰ：低个体危害、低群体危害，不会导致健康工作者和动物致病的细菌、真菌、病毒和寄生虫等生物因子。

危害等级Ⅱ：中等个体危害、有限群体危害，能引起人或动物发病，但一般情况下对健康工作者群体、家畜或环境不会引起严重危害的病原体。实验室感染不会导致严重疾病，具备有效治疗和预防措施，并且传播风险有限。

危害等级Ⅲ：高个体危害、低群体危害，能引起人或动物严重疾病，或造成严重经济损失，但通常不会因偶然接触而在个体间传播，或能用抗生素、抗寄生虫药治疗的病原体。

危害等级Ⅳ：高个体危害、高群体危害，能引起人或动物非常严重的疾病，一般不能治愈，容易直接、间接或因偶然接触在人与人、动物与人、人与动物或动物与动物之间传播的病原体。

3. 实验室生物安全等级

目前世界通用生物安全水平标准是由美国疾病控制中心（CDC）和美国国家卫生研究院（NIH）建立的。根据操作不同危险度等级病原微生物所需要的实验室设计特点、建筑构造、防护设施、仪器操作以及操作程序等，将实验室的生物安全水平分为一级生物安全水平基础实验室、二级生物安全水平基础实验室、二级生物安全水平防护实验室、三级生物安全水平防护实验室、四级生物安全水平最高防护实验室。

（1）一级生物安全水平基础实验室

该安全级别适用于已经确定不会对成年人立即造成任何疾病或是对实验人员及实验室的人员造成最小的危险（美国疾病管制局，1997）。这类实验室可以处理较多种类的普通病原体，例如犬传染性肝炎病毒、非感染性的埃希氏大肠杆菌，以及对非传染性的疾病与组织进行培养。在这个水平中需要防范生物危害性的措施是很简单的，仅需要手套和一些面部防护。不像其他种类的特殊实验室，这类实验室并不一定需要和大众交通分隔出来，仅需要在其开放实验台上依循微生物学操作技术规范（GMT）即可。在一般情况下，被污染的材料都留在开放的（分别注明）废弃物容器里。此外，这种类型的实验结束后的洗净程序，与我们在现代日常生活中对微生物的防范措施类似，例如，用抗菌肥皂洗手，以消毒剂清洗实验室的所有暴露表面等。实验室环境中使用的所有细胞和（或）细菌以及所有材料都必须经过高压灭菌消毒处理。

实验室人员在实验室中进行的程序必须经由普通微生物学或相关科学训练的科研人员监督，且必须事先训练。

(2)二级生物安全水平基础实验室

这类实验室与一级生物安全水平基础实验室类似,但其病原体的致病力较低,对人员和环境具有潜在危险。这类实验室能处理较多种类的病原(包括各种细菌和病原),且该病原给人类仅造成轻微的疾病,或者其难以在实验室环境中的气溶胶中生存,如艰难梭菌、大部分的衣原体、肝炎病毒(A、B、C型)、A型流感病毒、沙门氏菌、腮腺炎病毒、麻疹病毒、艾滋病毒、朊病毒、耐药性金黄色葡萄球菌等。

实验人员与处理病原体人员须为经过特定培训和高级培训的科研人员,实验时限制特定人员的出入,采取极端的污染物品处置措施。

(3)三级生物安全水平防护实验室

该级别适用于临床、诊断教学科研或生产药物设施,这类实验室专门处理本地或外来的病原体,且这些病原体可能会借由吸入而导致严重的或潜在的致命性疾病。这些病原体包括各种细菌、寄生虫和病毒,包含炭疽杆菌、结核分支杆菌、利什曼原虫、鹦鹉热衣原体、西尼罗河病毒、委内瑞拉马脑炎病毒、东部马脑炎病毒、SARS冠状病毒、伤寒杆菌、贝纳氏立克次氏体、裂谷热病毒、立克次氏体与黄热病毒等。

实验室工作人员必须进行关于致病性和潜在的致命或致病性病原体的具体培训,且必须在对此方面有经验的科研人员的监督之下才能进入该级别的实验室。

(4)四级生物安全水平最高防护实验室

此级别实验室需要处理危险且未知的病原体,且该病原体可能造成经由气溶胶传播或高度个人风险,且至今仍无任何已知的疫苗或治疗方法。如阿根廷出血热与刚果出血热病毒、埃博拉病毒、马尔堡病毒、拉萨热病毒、克里米亚-刚果出血热病毒、天花病毒以及其他各种出血性疾病病毒。当处理这类生物危害病原体时必须强制性地使用独立供氧的正压防护衣。生物实验室的四个出入口将配置多个淋浴设备、真空室与紫外线室,以及其他旨在摧毁所有的生物危害的安全防范措施。多个气密锁将被广泛应用并被电子保护以防止在同一时间打开两个门。所有的空气和水,将进行生物安全四级(或P4)实验室类似的消毒程序,以消除病原体意外释放的可能性。当病原体被怀疑或可能有抗药性时,都必须在该实验室进行处理,直到有足够的数据得到确认,且必须在此规格实验室持续工作,或移交至一个较低水平的实验室。

实验室工作人员将会受到受过训练与实地处理过这些病原体的合格科研人员的监督,且实验室的出入受到实验室主管的严格控制。该实验室是在一个单独的建筑物或在控制区域内的建筑物,且与该区域内其他建筑物完全隔离。该实验室必须建立防止污染的协议,经常使用负压设备并准备一个特定设备操作手册,如此一来,即使实验室受到损害,也能严格防止经气溶胶传播的病原体的暴发。

第五节　实验结果的整理和实验报告的撰写

整理实验结果和撰写实验报告,是培养学生分析能力和写作能力的重要方法,对自己所完成的实验进行科学总结,是实验课最重要的目的之一。通过认真、科学地总结,我们可把实验过程中获得的感性认识提高到理性认识,明确该实验已证明的问题及已取得的成果。明确实验中尚未解决的问题或发现的新问题,以及实验设计中或操作中的优缺点等,这些十分重要。实验报告反映了学生的实验水平及理论水平,也是向他人提供研究经验及供本人日后查阅的重要资料,可以为毕业后开展科研工作打下良好的基础。因此,应该充分认识到在校学习期间学会做这一项科学研究工作中关键性工序的重要性。

一、实验结果的记录、整理和分析

实验结束以后应对原始记录进行整理和分析。药理学实验结果有测量资料(如血压值、心率数、瞳孔大小、体温变化、生化测定数据和作用时间等)、计数资料(如阳性反应或阴性反应、死亡或存活数等)、描记曲线和现象记录等。凡属测量资料和计数资料的,均应以恰当的单位和准确的数值作定量的表示,不能笼统提示。必要时应做统计处理,以保证结论有较大的可靠性,尽可能将有关数据列成表格或绘制为统计图,使主要结果有重点地表示出来,以便阅读、比较和分析。

1. 实验结果记录的原则

(1)真实性

真实地记录实验结果和现象,无论实验结果与自己预测的是否相同,都应实事求是地记录下来,要真正反映客观事实。

(2)原始性

及时记录实验最原始的现象和数据。

(3)条理性

记录要整洁有序,学会用简明的词语记下完整的结果,以便于实验结束后整理和分析。

(4)完整性

完整的实验记录应包括题目、方法和步骤、结果、实验日期和实验者等要素。

2.图表的记录

制作表格时,要设计出最能反映动物变化的记录表,记录单个动物的表现时,一般将观察项目列在表内左侧,由上而下逐项填写,而将实验中出现的变化,按照时间顺序,由左至右逐格填写。对多个或多组动物实验结果进行统计时,一般将动物分组的组别列于表左,而将观察记录逐项列于表右。绘图时,应在纵轴和横轴上画出数值刻度,标明单位。一般以纵轴表示反应强度,横轴表示时间或药物剂量,并在图的下方注明实验条件。如果不是连续性变化,也可用柱形图表示。凡有曲线记录的实验,应及时在曲线图上标注说明,包括实验题目,实验动物的种类、性别、体重、给药量和其他实验条件等。对较长的曲线记录,可选取有典型变化的段落,剪下后粘贴保存。这里需要注意的是,必须以绝对客观的态度来进行裁剪工作,不论预期内的结果还是预期外的结果,均应一律留样。

3.结果的整理与分析

实验过程中所得到的结果应以实验教学班为单位进行整理和分析,求出平均数、标准差及进行差异显著性检验。对于实验过程始终进行连续记录的曲线,可以将有代表性的曲线进行编辑,并作出相应的注释。对实验所获数据、资料进行必要的统计学处理之后,为了便于比较、分析,提倡将实验结果中某变量的增减以及多个变量之间的相互关系以图表的方式明确地表示出来。

二、实验报告的撰写

每次实验后应写好报告,提交负责教师批阅。实验报告要求结构完整、条理分明、用词规范、详略得当,措辞注意科学性和逻辑性。实验报告一般包括下列内容。

1.实验题目

实验题目一般应包括实验药物、实验动物、实验方法及实验结果,如"心得安对麻醉犬的降压作用分析""普鲁卡因肌注对小鼠局麻作用及中毒抢救""奎尼丁抗蛙心律失常的作用"等题目。

2.实验目的

说明本次实验的目的。

3.实验方法

实验方法应简明扼要,当发生操作技术方面的问题,影响观察的可靠性时,应简要说明。

4.实验结果

实验结果是实验报告中最重要的部分,需绝对保证其真实性。应随时将实验中观察到的现象在草稿本上记录,实验告一段落后立即进行整理,不可单凭记忆或搁置长时间后再作整理,否则易致遗漏或差错。实验报告上一般只列出经过归纳、整理的结果,但原始记录应予保存备查。

5.讨论

讨论应针对实验中所观察到的现象与结果,联系课堂讲授的理论知识,进行分析和讨论,不能离开实验结果去空谈理论。要判断实验结果是否符合预期,如果不符合预期,则应该分析其可能原因。讨论的描述一般内容有:首先描述在实验中所观察到的现象,然后对此现象提出自己的看法或推论,最后参照教科书和文献资料对出现这些现象的机制进行分析。如实验观察到动物用药后出现了什么现象,提示了该药可能具有什么药理作用,文献曾报道该药可对什么受体有作用,据此,可初步推测该药的这种药理作用可能与其作用于什么受体有关。

6.结论

实验结论是从实验结果归纳出来的概括性判断,也就是对本实验所能说明的问题、验证的概念或理论的简要总结。结论应简明扼要,不必再在结论中重述具体结果。未获证据的理论分析不能写入结论。

7.参考文献

按参考文献规范格式书写。

第六节　兽医药理学实验常用仪器简介

一、分光光度计

(一)工作原理

分光光度计是根据物质对光的选择性吸收来测量微量物质浓度的仪器。其基本原理是溶液中的物质在光的照射激发下，产生对光吸收的效应。物质对光的吸收具有选择性，不同的物质具有不同的吸收光谱，因此，一束单色光通过溶液时，其能量就会被吸收而减弱，其吸光度与该物质浓度的关系符合朗伯-比尔定律，用公式表示为：

$$T = I/I_0$$

$$A = -\lg T = kbc$$

式中：T为透光率，I_0为入射光强度，I为透射光强度，A为吸光度，k为吸光系数，b为层液厚度，c为溶液中物质的浓度。由上可知，当入射波长、吸收系数和液层厚度不变时，吸光度与溶液中物质的浓度成正比。

分光光度计采用单色器来控制波长，单色器可将连续波长的光分解，从中得到任一所需波长的单色光。常用的波长范围为：200~400 nm的紫外光区，400~760 nm的可见光区，32.5~25 μm的红外光区。所用仪器为紫外分光光度计、可见光分光光度计(或比色计)、红外分光光度计或原子吸收分光光度计。常用的有721型、722型和751型。

分光光度计可用于常规的吸收光度测定、吸收光谱的扫描、蛋白质含量的测定、核酸的测定等。

(二)722型光栅分光光度计的使用方法

(1)将灵敏度调节旋钮调至"1"，此时放大倍率最小。

(2)接通电源，仪器预热20 min，选择开关置于"T"挡(即透光率)。

(3)开启试样室(光门自动关闭)，调节"0"旋钮，使数字显示为"00.0"。

(4)将装有溶液的比色皿放置于比色架中。旋动波长旋钮，把测试所需的波长调节至所需波长刻度线处。

(5)盖上样品盖，拉动试样架拉手，使标准溶液比色皿置于光路位置中，调节"100"旋钮，使数字显示为"100.0"(若显示不到"100"，可适当增加灵敏度的挡位，同时应重复调整仪器的"00.0")。

(6)拉动试样架拉手,使被测溶液比色皿置于光路位置中,数字表读数即为被测溶液的透光率(T)值。

(7)吸光度A的测量:参照(3)和(5),调整仪器的"00.0"和"100"。将选择开关置于"A"(即吸光度),旋动吸光度调零旋钮,使得数字显示为".000",然后移入被测溶液,显示值即为试样的吸光度值。

(8)浓度c的测量:选择开关旋至"c",将已标定浓度的溶液移入光路位置,调节浓度旋钮,使得数字显示为标定值。将被测溶液移入光路,即可由数字显示器读出相应的浓度值。

二、高效液相色谱仪

高效液相色谱法是继气相色谱之后,20世纪70年代初期发展起来的一种以液体作流动相的新色谱技术。

高效液相色谱是在气相色谱和经典色谱的基础上发展起来的。现代液相色谱和经典液相色谱没有本质的区别,不同点仅仅是现代液相色谱比经典液相色谱有较高的效率和实现了自动化操作。经典的液相色谱法,流动相在常压下输送,所用的固定相柱效低,分析周期长。而现代液相色谱法引用了气相色谱的理论,流动相改为高压输送(最高输送压力可达$4.9×10^7$ Pa),色谱柱是以特殊的方法用小粒径的填料填充而成,从而使柱效显著高于经典液相色谱(每米塔板数可达几万或几十万);同时柱后连有高灵敏度的检测器,可对流出物进行连续检测。因此,高效液相色谱具有分析速度快、分离效能高、自动化等特点,人们称它为高压、高速、高效或现代液相色谱法。

(一)液相色谱分离原理及分类

和气相色谱一样,液相色谱分离系统也是由固定相和流动相组成的。液相色谱的固定相可以是吸附剂、化学键合固定相(或在惰性载体表面涂上一层液膜)、离子交换树脂或多孔性凝胶,流动相是各种溶剂。被分离混合物随流动相进入色谱柱,根据各组分在固定相及流动相中的吸附能力、分配系数、离子交换作用或分子尺寸大小的差异进行分离。色谱分离的实质是样品分子(以下称溶质)与溶剂(即流动相或洗脱液)以及固定相分子间的作用,作用力的大小决定色谱过程的保留行为。

根据分离机制不同,液相色谱可分为液固吸附色谱、液液分配色谱、化合键合相色谱、离子交换色谱以及分子排阻色谱等类型。

(二)高效液相色谱仪的组成

高效液相色谱仪由高压输液系统、进样系统、分离系统、检测器、记录系统等五大部分组成。

分析前,选择适当的色谱柱和流动相,开泵、冲洗柱子,待柱子达到平衡而且基线平直后,用微量注射器把样品注入进样口,流动相把试样带入色谱柱进行分离,分离后的组分依次流入检测器的流通池,最后和洗脱液一起排入收集器。当有样品组分流过流通池时,检测器把组分浓度转变成电信号,经过放大,用记录器记录下来就得到色谱图。色谱图是定性、定量分析和评价柱效高低的依据。

1. 高压输液系统

高压输液系统由溶剂贮存器、高压泵、梯度洗脱装置和压力表等组成。

(1) 溶剂贮存器

一般由玻璃、不锈钢或氟塑料制成,容量为1~2 L,用来贮存足够数量、符合要求的流动相。

(2) 高压输液泵

是高效液相色谱仪中关键部件之一,其功能是将溶剂贮存器中的流动相以高压形式连续不断地送入液路系统,使样品在色谱柱中完成分离过程。由于液相色谱仪所用色谱柱径较细,所填固定相粒度很小,因此,对流动相的阻力较大,为了使流动相能较快地流过色谱柱,就需要高压泵注入流动相。对泵的要求:输出压力高、流量范围大、流量恒定、无脉动、流量精度和重复性为0.5%左右。此外,还应耐腐蚀,密封性好。

高压输液泵按其性质可分为恒流泵和恒压泵两大类。恒流泵是能给出恒定流量的泵,其流量与流动相黏度和柱渗透无关。恒压泵是保持输出压力恒定,而流量随外界阻力变化而变化,如果系统阻力不发生变化,恒压泵就能提供恒定的流量。

(3) 梯度洗脱装置

梯度洗脱就是在分离过程中使两种或两种以上不同极性的溶剂按一定程序连续改变它们之间的比例,从而使流动相的强度、极性、pH值或离子强度相应地变化,达到提高分离效果、缩短分析时间的目的。

梯度洗脱装置分为两类:一类是外梯度装置(又称低压梯度),流动相在常温常压下混合,用高压泵输送至柱系统,仅需一台泵即可;另一类是内梯度装置(又称高压梯度),将两种溶剂分别用泵增压后,按电器部件设置的程序,注入梯度混合室混合,再输至柱系统。

梯度洗脱的实质是通过不断地变化流动相的强度,来调整混合样品中各组分的k值,使所有谱带都以最佳平均k值通过色谱柱。它在液相色谱中所起的作用相当于气相色谱中的程序升温,所不同的是,在梯度洗脱中溶质k值的变化是通过溶质的极性、pH值和离子强度来实现的,而不是借改变温度(温度程序)来达到的。

2. 进样系统

进样系统包括进样口、注射器和进样阀等,它的作用是把分析试样有效地送入色谱柱上进行分离。

3. 分离系统

分离系统包括色谱柱、恒温器和连接管等部件。色谱柱一般用内部抛光的不锈钢制成，其内径为2~6 mm，柱长为10~50 cm，柱形多为直筒形，内部充满微粒固定相。柱温一般为室温或接近室温。

4. 检测器

检测器是液相色谱仪的关键部件之一。对检测器的要求：灵敏度高、重复性好、线性范围宽、死体积小以及对温度和流量的变化不敏感等。

在液相色谱中有两种类型的检测器：一类是溶质性检测器，仅对被分离组分的物理或化学特性有响应，属于此类检测器的有紫外、荧光、电化学检测器等；另一类是总体检测器，它对试样和洗脱液总的物理和化学性质有响应，属于此类检测器的有示差折光检测器等。

5. 高效液相色谱的固定相和流动相

(1) 固定相

高效液相色谱固定相以承受高压能力来分类，可分为刚性固体和硬胶两大类。刚性固体以二氧化硅为基质，可承受7.0×10^8~1.0×10^9 Pa的高压，可制成直径、形状、孔隙度不同的颗粒。如果在二氧化硅表面键合各种官能团，可扩大应用范围，是目前最广泛使用的一种固定相。硬胶主要用于离子交换和尺寸排阻色谱中，由聚苯乙烯与二乙烯苯基交联而成，可承受压力上限为3.5×10^8 Pa。固定相按孔隙深度分类，可分为表面多孔型和全多孔型固定相两类。

1) 表面多孔型固定相　基体是实心玻璃球，在玻璃球外面覆盖一层多孔活性材料，如硅胶、氧化硅、离子交换剂、分子筛、聚酰胺等。这类固定相的多孔层厚度小、孔浅、相对死体积小、出峰迅速、柱效高、颗粒较大、渗透性好、装柱容易、梯度淋洗时能迅速达到平衡，较适合作常规分析。由于多孔层厚度薄，最大允许量受到限制。

2) 全多孔型固定相　由直径为10 nm的硅胶微粒凝聚而成。这类固定相由于颗粒很细(5~10 mm)，孔较浅，传质速率快，易实现高效、高速，特别适合复杂混合物分离及痕量分析。

(2) 流动相

由于高效液相色谱中流动相是液体，它对组分有亲和力，并参与固定相对组分的竞争，因此，正确选择流动相直接影响组分的分离度。对流动相溶剂的要求如下：

1) 溶剂对于待测样品，必须具有合适的极性和良好的选择性。

2) 溶剂与检测器匹配。对于紫外吸收检测器，应注意选用检测器波长比溶剂的紫外截止波长要长。溶剂的紫外截止波长指当小于截止波长的辐射通过溶剂时，溶剂对此辐射产生强烈吸收,此时溶剂被看作是光学不透明的,它严重干扰组分的吸收测量。对于折光率检测器,要求选择与组分折光率有较大差别的溶剂作流动相,以达到最高灵敏度。

3)纯度高。由于高效液相色谱法灵敏度高,对流动相溶剂的纯度要求也高。不纯的溶剂会引起基线不稳,或产生"伪峰"。

4)化学稳定性好。

5)黏度低(黏度适中)。若使用高黏度溶剂,势必增大压力,不利于分离。常用的低黏度溶剂有丙酮、甲醇和乙腈等,但黏度过低的溶剂也不宜采用,例如戊烷和乙醚等,它们容易在色谱柱或检测器内形成气泡,影响分离。

三、计算机化生物信号采集与处理系统

计算机化生物信号采集与处理系统应用最新的电脑集成化(集成电路和即插即用)和可升级、有扩展功能的软件技术,实现了晶体管旧式线路仪器的放大器、示波器、记录仪、刺激器等性能低的仪器经一定组合才可实现的生物信号观测与记录,成为21世纪新一代对生物信号进行采集、放大、显示、记录与分析的功能全面和方便实用的实验系统(图1-8)。自20世纪90年代末临床应用的仪器已广泛计算机化,掌握此类仪器的使用方法有利于基础与临床的衔接。

计算机化生物信号采集与处理系统按操作系统可分为Dos和Windows两大类型。Dos操作系统的计算机化生物信号采集与处理系统开发较早、要求的硬件条件低、运行需求资源少和稳定。Windows操作系统的计算机化生物信号采集与处理系统为20世纪90年代中末期开发的产品,适应了当前计算机硬件、软件高速发展和网络化信息技术的需求,其功能得到进一步的完善和扩展。例如,能与Windows下的各种不同类型软件共享,实现强大的图形分析和统计处理,能以各种形式网络化组合建成功能更强大的网络课室,成为能实现"实验数据采集+数据统计分析+多媒体教学+教学管理"一体化的现代化实验教学实验室,适用于现代医学院校生理学实验教学以及相关学科的教学科研工作。

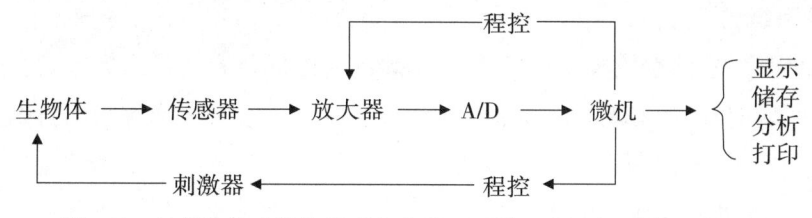

图1-8 计算机化生物信号采集与处理系统示意图(王庭槐,2004)

(一)计算机化生物信号采集与处理系统的主要特点

与以往电子实验仪器相比较,计算机化生物信号采集与处理系统由于充分利用计算机高速数据处理的特性进行高速采样,利用屏幕显示实现示波观察,以及利用软件的功能实现选择性剪辑、统计处理数据的图形分析和统计输出,使输出打印的结果简明扼要。总之,计算机化生物信号采集与处理系统具有以下独特的优点而特别适合于教学科研工作。

1. 应用广

可记录慢速的传感器信号和快速的生物电信号。同时具有台式自动平衡记录仪、多导记录仪、示波器和刺激器的功能。

2. 功能强

通用、程控、高增益(20 000~80 000倍)、程控刺激器一体化。

3. 易操作

系统软件为Windows操作系统或/和图形操作界面,与流行计算机软件一致,易于操作。可实现Windows下多任务同时执行、软件之间数据共享,可方便地将实验结果分析、统计和实验图形嵌入到Windows系统支持的Microsoft Word等文档编辑软件中。

4. 支持网络

可应用最新网络信息技术,实现网络课室教学,实验数据在局域网互相传输,实现实验组之间的数据交流和打印机等资源共享。随时取得网络服务器的教学多媒体等资源,实现教学的自动化和个体化在线辅导。

(二)模块特点

1. 程控放大器

程控放大器放大倍数高,抗干扰能力强,记录的数字化数据可以在实验结束后处理。其抗干扰性、可靠性等指标大大高于普通生物电放大器。同时放大器的增益、滤波和时间常数等仪器参数,可以用配置文件快捷设定或在实验时个别调节。

2. 软件系统

模块化程序设计,全中文下拉菜单以及键盘与鼠标兼容的操作方式,易于掌握。多种方式采样、实时存盘,具有数字滤波、自动分析、项目标记、波形编辑、打印输出和在线帮助等功能。

3. 记录的反演与模拟

反演功能可以反复观察实验记录内容,也可以进一步剪辑成实验课多媒体课件。一些实验项目有模拟实验内容(实际相当于实验的多媒体课件),便于学生阅览没有安排操作的实验。记录的反演与模拟实验是传统的仪器所没有的功能,对开展远程教育、扩大学生的知识面有很大实用价值。

4. 参数配置

做一项实验,按实验要求将放大倍数、滤波、时间常数、采样周期和刺激参数选择好,通过实验得到好的效果后,即把当时设置的参数存为软件的配置文件,供以后实验调用。在每次实验结束关机时,系统将自动保存当时实验参数为默认配置,简化了同类实验的操作步骤。

5. 信息处理

软件系统充分发挥计算机的特点,附有微分、积分、均值、方差、计数、滤波等实验数据统计分析处理功能。操作项目可通过鼠标直接标记在记录曲线上,并可自由编辑、修改或删除其内容。

6. 操作提示

对实验步骤、手术操作及注意事项提供在线智能化提示,随操作过程以文字等形式在提示栏显示,可帮助学生较准确地掌握仪器的应用,提高操作水平,并获得较好的实验记录结果。

7. 操作指南

技术人员要在仪器购置后完成放大器的增益、调零和定标功能调定,并用程序密码等将增益和定标功能锁闭,以防学生改动。学生在实验开始前需检查零基线等指标,但是在实验过程中不要随便改变仪器参数,以免影响测量结果。

8. 剪贴

实验结束后,对记录曲线重新剪辑,在编辑之前先将原始数据存盘备份。用鼠标拖动(按住左键)选择需要的部分,经重构后,重组记录曲线。剪辑可反复进行。如对重构结果不满意,可后退复原,重新剪辑直至满意为止。在剪辑时改变曲线的前后顺序要慎重,以免变更原来结果。

9. 注意事项

国产的本类仪器系统配套使用的计算机外壳须接安全地线且适用于动物实验。

10. 配置和保存

按照仪器软件系统提供的通道和指标等可以灵活配置各种适宜实验需要的"配置",即实验的控制参数组合。将此符合实验需要的"配置"用文件菜单栏的"保存配置"功能保存成为模块,可以供以后随时调用。

第二部分

基础性实验

第一章 总论

实验1 药物的体内过程观察

【实验目的】

观察药物在实验动物体内的吸收、分布、生物转化和排泄过程,掌握小鼠肌内注射、颈椎脱臼及腹部解剖等操作方法。

【实验原理】

药物进入体内后,经过吸收、分布、生物转化和排泄等过程排出体外。吸收指药物从给药部位进入循环系统的过程,血管、心脏内给药无吸收过程。分布指进入循环系统的药物随血液分布到全身各系统,药物在全身各系统间分布量有差异,并受到生理屏障影响。生物转化是指药物主要在肝脏由肝药酶催化发生化学结构变化,也有部分药物代谢由非肝药酶催化完成。排泄是药物排出体外的过程,内服难吸收药物主要经粪便排泄,进入循环系统的药物主要经肾脏排泄。

美蓝(亚甲基蓝)化学式为 $C_{16}H_{18}N_3Cl S$,是一种吩噻嗪盐,可用于生物、细菌、组织的染色。美蓝具有还原性,进入小鼠体内后可被药物代谢酶还原,颜色变淡直至消失,经 H_2O_2 氧化后颜色加深,故可用以证明美蓝在体内进行了生物转化。

【实验材料】

1.实验动物

昆明种小鼠2只/组。

2.实验器材

电子秤、玻璃钟罩、1 mL注射器、方盘、手术剪、眼科剪、手术刀、胶头滴管、烧杯。

3.试剂与药品

1%美蓝、3% H_2O_2 生理盐水。

【实验方法】

(1)取小鼠2只,分别称重,观察全身状态、眼球及尿液颜色。

(2)1只肌内注射1%美蓝0.2 mL/10 g(20 mg/kg),另一只肌内注射生理盐水0.2 mL/10 g作对照。

(3)注射20 min后,颈椎脱臼处死小鼠,并立即收集尿液2~3滴。

(4)剪开胸、腹腔及头骨,剪下小肠、肝、肾、脾、肺、心、脑及非注射部位肌肉组织各两小块,置反应板上,一块滴加H_2O_2溶液,另一块不加H_2O_2溶液,用水洗去泡沫后,观察各组织颜色的变化并比较。

(5)颜色反应按其显出蓝色的深浅以"+""-"表示:"+""++""+++""++++"表示蓝色的深浅;"-"表示无颜色反应。

【实验结果】

将实验结果记录于表2-1-1、表2-1-2中。

表2-1-1　肌内注射美蓝实验结果

动物:　　　　体重:　　　　性别:　　　　用药量:　　　　mg/kg

美蓝		小肠	肝	肾	脾	肺	心	脑	肌肉	尿
颜色反应	不加H_2O_2溶液									
	加H_2O_2溶液									

注:"+""++""+++""++++"表示蓝色的深浅;"-"表示无颜色反应。

表2-1-2　肌内注射生理盐水实验结果

动物:　　　　体重:　　　　性别:　　　　用药量:　　　　mg/kg

生理盐水		小肠	肝	肾	脾	肺	心	脑	肌肉	尿
颜色反应	不加H_2O_2溶液									
	加H_2O_2溶液									

注:"+""++""+++""++++"表示蓝色的深浅;"-"表示无颜色反应。

【注意事项】

美蓝应分两侧大腿肌注,这样有利于药液吸收。

【思考题】

(1)美蓝在小鼠肝、肾、脑和尿中有何反应？如何解释？

(2)有哪些实验结果可以证明美蓝在小鼠体内发生了代谢？

实验2　药物的局部作用、吸收作用观察

【实验目的】

观察药物对动物机体的局部作用和吸收作用。

【实验原理】

药物在用药部位所产生的作用叫局部作用,如口服硫酸镁在肠道不易吸收,产生导泻作用。药物吸收进入血液循环后分布到机体各部位发挥的作用称之为吸收作用或全身作用。药物从胃肠道吸收后要经过门静脉进入肝脏,再进入循环系统;少数药物可用舌下给药或直肠给药,分别通过口腔、直肠和结肠黏膜吸收;皮下或肌内注射药物先沿结缔组织扩散,再经毛细血管或淋巴管进入循环;静脉注射时药物直接进入血液,无吸收过程。

【实验材料】

1.实验动物

家兔(中国白兔,下同),1只/组;昆明种小鼠,2只/组。

2.实验器材

1 mL注射器、兔固定箱、镊子、无菌棉签、电子秤。

3.试剂与药品

松节油、3%戊巴比妥钠。

【实验方法】

(1)取家兔1只放于兔固定箱内,对光观察兔耳血管粗细及耳部皮肤颜色、感受其表面温度,然后对一侧兔耳涂擦松节油,待2 min后与另一侧兔耳对比有何差异。

(2)取小鼠2只,一只腹腔注射戊巴比妥钠0.4 mL,另一只为生理盐水对照,注射同体积生理盐水,3~5 min后观察并记录动物四肢肌肉张力、运动状态、呼吸频率及深度、翻正反射、后肢针刺痛觉反应的差异。

【实验结果】

(1)记录家兔左、右耳血管粗细及皮肤颜色、表面温度的差异。
(2)记录两只小鼠四肢肌肉张力、运动、呼吸、翻正反射、痛觉反应的差异。

【注意事项】

(1)兔耳涂擦松节油会引起严重的炎症反应,用量要适宜,观察到现象后应立即清洗,减轻对兔耳的过度刺激。
(2)小鼠腹腔注射戊巴比妥钠应先快后慢,根据小鼠反应适当调整给药剂量,避免麻醉过量导致动物死亡,并注意动物的保温。

【思考题】

试分析两种药物分别起到局部作用还是吸收作用?

实验3 药物的协同作用、拮抗作用检测

【实验目的】

观察药物的协同和拮抗作用。

【实验原理】

虹膜中有两种细小的肌肉,一种叫瞳孔括约肌,它围绕在瞳孔周围,主管瞳孔缩小,受动眼神经中副交感神经支配;另一种叫瞳孔开大肌(辐射状肌),呈放射状排列,主管瞳孔开大,受交感神经支配。这两条肌肉相互协调,彼此制约,一张一缩,调节瞳孔大小以适应各种不同的环境。毛果芸香碱和阿托品分别为胆碱能神经M受体激动剂和拮抗剂,分别引起瞳孔括约肌收缩和舒张,调节瞳孔缩小和扩大。肾上腺素激动α受体,兴奋瞳孔开大肌,产生散瞳效应。三种药物两两配合可能出现协同作用或拮抗作用。

【实验材料】

1.实验动物

家兔,1只/组。

2.实验器材

兔固定箱、直尺、毛剪、三角形硬纸片、胶头滴管。

3.试剂与药品

0.05%硫酸阿托品、0.1%盐酸肾上腺素、0.2%硝酸毛果芸香碱。

【实验方法】

(1)将兔放于兔固定箱内固定,避免阳光直射眼睛,用毛剪剪去兔两眼睫毛,以两个三角形纸片尖端交叉比对瞳孔直径,然后用直尺测量两尖端距离,连续3次,取平均值。

(2)在兔左眼滴入0.05%硫酸阿托品注射液3滴,右眼滴入0.1%盐酸肾上腺素3滴,滴药时用拇指和食指将下眼睑提起,使其成囊状,中指压住鼻泪管开口处,防止药液流入鼻泪管而影响药效,再用右手滴入药液,待吸收后放开拇指。15 min后分别测量两眼瞳孔大小,连续3次,取平均值。

(3)左眼滴入0.1%盐酸肾上腺素3滴,右眼滴0.2%硝酸毛果芸香碱4滴,15 min后测量两瞳孔大小,连续3次,取平均值并进行比较。

【实验结果】

将实验结果记录于表2-1-3中。

表2-1-3　三种药物作用后家兔瞳孔直径/mm

项目		正常	硫酸阿托品	盐酸肾上腺素	硝酸毛果芸香碱
瞳孔大小	左眼				
	右眼				

【注意事项】

(1)应避免光线直射兔眼,测量瞳孔大小时要同向测量,减少实验误差。

(2)滴药时要压住鼻泪管,液滴大小要一致,以准确反映药效大小。

(3)瞳孔直径单位为毫米,注意进行估读,实验结果记为$\bar{x}\pm SD$。

【思考题】

通过实验理解药物协同作用和拮抗作用的临床意义。

【实验拓展】

传出神经的受体

传出神经受体根据对递质或药物选择性结合不同而分为胆碱能受体(cholinergic receptor)与肾上腺素能受体(adrenergic receptor)。

胆碱受体是能选择性地与乙酰胆碱结合的受体。胆碱受体对各种激动剂敏感性不同。研究发现位于副交感神经节后纤维所支配的效应器细胞膜上的胆碱受体对毒蕈碱(muscarine)敏感，称为毒蕈碱型胆碱受体(简称M胆碱受体，M受体)。此处受体兴奋所产生的效应称为毒蕈碱样作用，即M样作用。M受体又可分为M_1受体、M_2受体、M_3受体等亚型。阿托品类药物能选择性阻断M受体，近年发现M受体也可被哌吡草酮(pirenzepine)阻断，它与阿托品阻断作用不同，其对胃酸腺体分泌作用明显。位于神经节细胞膜和骨骼肌细胞膜上的胆碱受体对烟碱较敏感，此部位受体称为烟碱(nicotine)型胆碱受体(简称N胆碱受体，N受体)。这些受体兴奋引起的效应称烟碱样作用，即N样作用。N受体可分为神经元型(neuronal, N_N, 即N_1受体)和肌肉型(muscular, N_M, 即N_2受体)两种亚型。位于神经节细胞膜上的N_1受体可被六烃季铵阻断，而在骨骼肌细胞膜上的N_2受体能被筒箭毒碱阻断。胆碱受体的分型、分布及效应见表2-1-4。

肾上腺素受体是能选择性地与去甲肾上腺素或肾上腺素结合的受体。分布于大部分交感神经节后纤维支配的效应器细胞膜上。依据受体对激动剂敏感性不同，分为α肾上腺素受体(简称α受体)及β肾上腺素受体(简称β受体)。α受体又进一步分为$α_1$和$α_2$受体亚型。突触前膜上的α受体，称$α_2$受体，突触后膜上的α受体，称$α_1$受体。研究表明血管平滑肌突触后膜上的$α_1$和$α_2$受体有共存现象。β受体分为$β_1$受体和$β_2$受体，$β_1$受体主要分布于心脏，$β_2$受体主要在支气管、血管平滑肌细胞膜上。

近几十年研究表明，去甲肾上腺素能神经、胆碱能神经、多巴胺能神经等都可能存在突触前受体(presynaptic receptor)。在实际中观察到不同受体在同一组织中是共存的，如胆碱能受体与肾上腺素能受体，α受体与β受体，$β_1$受体与$β_2$受体，突触后$α_2$与$α_1$受体共存等。共存的生理药理意义有待进一步研究。

表2-1-4　胆碱受体亚型的分型、分布及效应

受体亚型	分布	效应
N_1	神经节	节后神经元除极化,产生兴奋冲动
N_2	神经肌肉接点	骨骼肌收缩
M_1	神经节	除极化
	中枢	待研究
M_2	窦房结	减慢自发性除极化;超级化
	心房	缩短动作电位时程,降低收缩力
	房室结	降低传导速度
M_3	心室	稍降收缩力
	平滑肌	收缩
	分泌腺	分泌增加

实验4　不同给药途径对药物作用的影响

【实验目的】

观察不同给药途径引起机体的不同反应。

【实验原理】

兽医临床常用的给药途径有内服、肌内注射、静脉注射、腹腔注射、皮肤给药和呼吸道给药等。一般情况下,同一种药物采取不同途径给药,主要影响该药物的吸收速度和利用程度,进一步影响药效出现时间和维持时间。但是,少数药物(如$MgSO_4$)采取不同途径给药,可以引起药理性质的改变。

【实验材料】

1.实验动物

昆明种小鼠,5只/组。

2.实验器材

1 mL注射器、小鼠灌胃器、鼠笼、玻璃钟罩、电子秤、镊子。

3.试剂与药品

4%硫酸镁、0.3%戊巴比妥钠。

【实验方法】

(1)取体重相近的小鼠2只,称体重后,其中一只按0.25 mL/10 g肌内注射4%硫酸镁(10 mg/10 g),另一只以相同剂量灌胃,观察两只小鼠反应有何不同。

(2)取体重相近的小鼠3只,称完体重做好标记后,分别放入玻璃钟罩内,观察它们的正常活动及翻正反射情况。分别用0.3%戊巴比妥钠溶液按0.2 mL/10 g,以不同途径给药。其中甲鼠灌胃,乙鼠肌内注射,丙鼠腹腔注射。观察不同小鼠用药后的反应及活动情况,以翻正反射消失作为麻醉开始指标。记录麻醉开始时间(从给药至翻正反射消失的时间),麻醉维持时间(即从翻正反射消失至翻正反射恢复的时间),麻醉深度(用镊子夹其后肢看其反应)有何不同。麻醉深度以"-""+""++""+++"表示。判断标准:"-"表示反应正常,"+"表示反应稍有迟钝,"++"表示反应非常迟钝,"+++"表示无反应。

【实验结果】

将实验结果分别记录于表2-1-5、2-1-6中。

表2-1-5 硫酸镁给药后小鼠的表现

鼠号	体重	给药量	给药途径	反应表现

表2-1-6 戊巴比妥钠给药后小鼠的表现

鼠号	体重	给药量	给药途径	麻醉开始时间	麻醉维持时间	麻醉深度

注:麻醉深度以"-""+""++""+++""++++"表示。

【注意事项】

(1)硫酸镁注射时要缓慢,剂量大时宜分点多次注射。

(2)室温较低时,戊巴比妥钠麻醉后要注意对动物进行保温。

【思考题】

不同给药途径如何影响药物吸收及药理作用的发挥?

实验5　肝、肾功能对药物作用的影响

【实验目的】

观察肝、肾功能损害对药物作用的影响。

【实验原理】

　　肝脏是药物代谢的主要器官,药物代谢主要由肝药酶催化完成。肝微粒体酶(P450酶系)主要存在于肝细胞内质网上,能催化药物等化合物的氧化反应。四氯化碳是一种对肝细胞有严重毒害作用的化学物质,可引起中毒性肝炎,使肝脏代谢能力降低。本实验用四氯化碳损害小鼠的肝脏,使肝脏药酶活性受到抑制,从而降低对戊巴比妥的代谢,使麻醉维持时间延长。

　　肾脏是药物排泄的主要器官。药物经肾脏排泄方式有两种,一是经肾小球滤过,二是经肾小管上皮细胞主动分泌。当肾脏发生病理变化时,药物的排泄减慢,容易引起药物蓄积中毒。氯化汞是一种具有细胞毒作用的消毒药,被机体吸收后,首先损伤肾小管上皮细胞,使肾脏排泄功能降低。硫酸链霉素属于氨基糖苷类抗生素,主要从肾脏排泄,有肾毒性及阻滞神经肌肉接头传递冲动等不良反应。本实验用氯化汞制造中毒性肾病病理模型,观察肾功能低下时硫酸链霉素毒性的变化。

【实验材料】

1. 实验动物

昆明种小鼠,12只/组。

2. 实验器材

1 mL注射器、鼠笼、玻璃钟罩、电子秤、手术刀、手术剪、眼科剪。

3. 试剂与药品

0.2%戊巴比妥钠、20%四氯化碳、0.1%氯化汞、5%硫酸链霉素。

【实验方法】

(1)肝功能对药物作用影响

取体重相近、正常的小鼠及肝脏损伤模型小鼠(实验前24 h皮下注射20%四氯化碳泊剂0.1 mL/10 g)各3只,称其体重,分别由腹腔注射0.2%戊巴比妥钠0.2 mL/10 g,记录并比较两组小鼠麻醉持续时间(即从翻正反射消失至翻正反射恢复的时间)的差异。

(2)肾功能对药物作用影响

取体重相近,正常的小鼠及肾损伤模型小鼠(实验前24 h腹腔注射0.1%氯化汞0.07 mL/10 g)各3只,称其体重,分别由腹腔注射3%硫酸链霉素0.15 mL/10 g(375 mg/kg),观察小鼠的运动状态,比较两组小鼠的表现有何差别。

【实验结果】

将实验结果记录于表2-1-7、表2-1-8中。

表2-1-7 肝功能对药物作用的影响

组别	鼠号	体重	药量	起效时间	持续时间	肝脏剖检表现
正常组						
模型组						

表2-1-8 肾功能对药物作用的影响

组别	鼠号	体重	药量	起效时间	表现	肾脏剖检表现
正常组						
模型组						

【注意事项】

(1)肝功能实验麻醉"起效时间"为小鼠从腹腔注射戊巴比妥钠溶液后至翻正反射消失时的时间,"持续时间"为从翻正反射消失至翻正反射恢复的时间。

(2)肾功能实验"起效时间"为小鼠从腹腔注射硫酸链霉素溶液至出现肌肉松弛、倒地所需时间。

【思考题】

试述肝脏、肾脏功能在药物体内过程中的重要作用。

实验6　药物配伍禁忌

【实验目的】

了解两种或两种以上的药物配伍使用时,可能产生的配伍禁忌。

【实验原理】

两种或两种以上的药物在配合使用时,可能出现理化性质或药理性质改变,使药效减弱或丧失,或产生毒性,称为配伍禁忌。根据发生原因的不同,药物配伍禁忌分为物理性、化学性、药理性配伍禁忌。

【实验材料】

1. 实验动物

昆明种小鼠,4只/组。

2. 实验器材

试管架、试管、研钵、胶头滴管、玻璃钟罩、1 mL注射器、电子秤、广范pH试纸。

3. 试剂与药品

蒸馏水、液体石蜡、水合氯醛、樟脑醑、10%磺胺嘧啶钠、青霉素G钾溶液、维生素B_1注射液、0.1%肾上腺素注射液、2%氢氧化钠、0.3%戊巴比妥钠、注射用生理盐水、1%安钠咖、4%硫酸镁、1.25%盐酸四环素、5%氯化钙。

【实验方法】

1. 物理性配伍禁忌

(1)分别取3 mL樟脑醑与3 mL蒸馏水在试管内混合,混合液出现混浊,析出樟脑。

(2)分别取3 mL液体石蜡与3 mL蒸馏水在试管内混合,混合液分层。

(3)分别取2 g水合氯醛与2 g樟脑充分研磨,混合物液化。

2. 化学性配伍禁忌

(1)分别取10%磺胺嘧啶钠1 mL与维生素B_1 1 mL在试管内混合,磺胺嘧啶析出(反应前后均用广范pH试纸测定pH值)。

(2)分别取24万IU青霉素G钾溶液1 mL与1.25%盐酸四环素溶液1 mL,在试管内混合,四环素析出。

(3)分别取0.1%盐酸肾上腺素1 mL与2%氢氧化钠1 mL在试管内混合,发生化学反应生成醌,液体氧化变黄。

3.药理性配伍禁忌

(1)取2只小鼠称重编号后,其中1只肌内注射1%安钠咖注射液0.1 mL/10 g,另1只肌内注射等量生理盐水,待5 min后分别腹腔注射0.3%戊巴比妥钠液0.2 mL/10 g,观察二者反应有何不同。

(2)取2只小鼠称重编号,均肌内注射4%硫酸镁0.2 mL/10 g,待出现肌肉松弛现象后,一只立即腹腔注射5%氯化钙0.1 mL/10 g,另一只腹腔注射等量生理盐水,观察二者反应有何不同。

【实验结果】

根据观察到的现象,记录实验结果。

【注意事项】

(1)水合氯醛要避免失水,否则无法观察到液化现象。

(2)吸取药液的胶头滴管要专药专用,或者每次吸取后冲洗干净,避免药物交叉污染。

【思考题】

(1)分析上述配伍禁忌的产生原因,并说明药物配伍禁忌的临床意义。

(2)查阅并学习不同药物注射配伍禁忌表,掌握常用药物的配伍禁忌。

第二章　外周神经系统药物

实验7　甲基硫酸新斯的明对小鼠肠管运动的影响

【实验目的】

通过测定卡红在胃肠道内移动速度，观察药物对肠道蠕动功能的影响。

【实验原理】

新斯的明为可逆性胆碱酯酶抑制剂，用药后可阻断胆碱酯酶对乙酰胆碱的水解作用，导致乙酰胆碱持续性作用于支配肠道的胆碱能神经，引起肠管蠕动增强，卡红在肠道内移动距离增加。

【实验材料】

1. 实验动物

昆明种小鼠，6只/组。

2. 实验器材

手术剪、眼科剪、小鼠灌胃器、鼠笼、玻璃钟罩、眼科镊、透明尺、注射器、天平。

3. 试剂与药品

0.02%甲基硫酸新斯的明、生理盐水、1%卡红。

【实验方法】

（1）取禁食12 h小鼠6只，称重编号。第一组1~3号鼠用0.02%甲基硫酸新斯的明按0.1 mL/10 g灌胃；第二组4~6号鼠给予等量生理盐水灌胃作为对照。

（2）15 min后每组小鼠均灌胃1%卡红0.3 mL。

（3）卡红给药15 min后将各组小鼠处死，剖开腹腔，取出胃肠道，剪开附着在肠管上的肠系膜，将肠管拉成直线，以幽门为起点，测量卡红色素在肠道内的移动距离和小肠

(自幽门至盲肠)的全长(cm),计算每只小鼠卡红移动距离占小肠全长的百分率(%),即为移动率,比较组间差异。

【实验结果】

按下式计算卡红移动距离占小肠全长的百分率并记录于表2-2-1中。

$$卡红移动距离占小肠全长的百分率 = \frac{卡红的移动距离}{小肠的全长} \times 100\%$$

表2-2-1　甲基硫酸新斯的明对肠管运动的影响

组别	体重/g	药物与剂量	移动距离/cm	小肠全长/cm	移动率/%
一组					
二组					

【注意事项】

将两组小鼠的实验结果记录为$\bar{x}\pm SD$,并进行统计分析,简单描述移动率的差异性分析方法,P值多少为有统计学差异?

【思考题】

新斯的明促进肠蠕动机制是什么?

实验8　普鲁卡因和丁卡因表面麻醉作用的比较

【实验目的】

比较普鲁卡因和丁卡因的表面麻醉作用,评价表面麻醉药物作用差异。

【实验原理】

局部麻醉药能可逆性地阻断神经冲动的发生和传导,使局部组织痛觉暂时消失。鼻、口腔、喉、气管、支气管、食道、生殖泌尿道黏膜可进行表面麻醉,只有穿透力强的局部麻醉药物才适合做表面麻醉。丁卡因对黏膜的穿透力比普鲁卡因大,其表面麻醉效力比普鲁卡因强。

【实验材料】

1. 实验动物

家兔,1只/组。

2. 器材

兔固定箱、手术剪、滴管。

3. 试剂与药品

1%盐酸普鲁卡因溶液、1%盐酸丁卡因溶液。

【实验方法】

(1)取无眼疾家兔1只,放入兔固定箱内,剪去两眼睫毛。分别用兔须按顺序轻触两眼角膜上、中、下、左、右5处,观察正常角膜反射情况(有无霎眼反射),记录阳性反应率(%)。阳性反应率为阳性反应点数/刺激点数。

(2)用拇指和食指将家兔眼睑拉成兜状,中指按压鼻泪管,左眼用左手操作,右眼用右手操作,分别向左、右眼内滴入1%盐酸普鲁卡因溶液和1%盐酸丁卡因溶液各2滴。轻轻揉动下眼睑使药液与角膜充分接触,并使其停留1 min。

(3)滴药后两眼每隔5 min分别以同样方法测试角膜霎眼反射1次,直到35 min为止,同时观察有无结膜充血等反应。记录并比较两种药物对兔角膜麻醉的作用强度(以霎眼反应阳性反应率表示)、麻醉开始时间及持续时间有何不同。

【实验结果】

将实验结果记录于表2-2-2中。以霎眼阳性反应率表示麻醉强度,如刺激5点都引起霎眼反应记为5/5,5点均不霎眼记为0/5,其余类推。

表2-2-2 普鲁卡因和丁卡因对家兔角膜反射的影响

兔眼	药物	角膜反射阳性率/%						
		0 min	5 min	10 min	15 min	20 min	25 min	30 min
左眼	普鲁卡因							
右眼	丁卡因							

【注意事项】

(1)给药前必须先剪去眼睫毛,否则即使角膜已被麻醉,触及睫毛时仍可引起霎眼反射,造成假阴性结果。

(2)用以刺激角膜的兔须宜软硬适中,实验中应使用同根兔须,并宜采取垂直方法,以确保每次触力均等。

(3)滴药时必须压住鼻泪管,以防药液流入鼻腔,经鼻黏膜吸收而引起中毒,并影响实验结果。

【思考题】

(1)普鲁卡因和丁卡因的表面麻醉作用有什么不同?

(2)影响药物表面麻醉效果的因素有哪些?

(3)常用于表面麻醉的药物有哪些?使用时需注意哪些事项?

实验9 肾上腺素对普鲁卡因浸润麻醉的增效作用

【实验目的】

了解肾上腺素与普鲁卡因联合用药可延长局部麻醉作用的特点及机制。

【实验原理】

普鲁卡因本身为中效麻醉药,麻醉时间为1 h左右,不足以完成时程较长的手术。在其注射液内加入1/10万单位肾上腺素后,后者作用于外周血管α受体,引起注射部位血管收缩,从而使普鲁卡因吸收变慢,延长麻醉时间。

【实验材料】

1.实验动物

家兔,1只/组。

2.实验器材

2 mL注射器、毛剪、烧杯、酒精棉球。

3.试剂与药品

0.2%普鲁卡因注射液、含1/10万单位肾上腺素的0.2%普鲁卡因注射液。

【实验方法】

(1) 家兔1只,在脊背两侧各选择相互对称、直径约2 cm的区域。将毛剪净,装于盛有水的烧杯内(以免兔毛飞扬),用酒精消毒后,用针头刺皮肤,试其痛觉反应,用手掌紧贴兔背部皮肤,以刺激部位肌肉抽缩为痛觉指标。刺激方式按左、中、右、上、下顺序进行。全部阳性反应记5/5,全部阴性反应记为0/5,依此类推。

(2) 背部分别用0.2%普鲁卡因注射液2 mL和0.2%普鲁卡因肾上腺素注射液2 mL作皮下注射。注射后1 min、3 min、5 min,分别刺激注射部位测其痛觉,然后每5 min测试一次,并比较两种药液的麻醉起效时间、维持时间及注射部位皮肤颜色异同。

【实验结果】

将实验结果记录于表2-2-3中。

表2-2-3 肾上腺素对普鲁卡因浸润麻醉的增效作用结果

药物	用药前反应	用药后反应						
		1 min	3 min	5 min	10 min	15 min	20 min	25 min	30 min
普鲁卡因									
普鲁卡因+肾上腺素									

注:全部阳性反应记5/5,全部阴性反应记为0/5,以此类推。

【注意事项】

(1) 选择敏感的皮肤区域进行实验。

(2) 掌握浸润麻醉给药方法,药物要均匀注射于皮下,否则某些检测点麻醉效果不佳。

(3) 痛觉刺激强度要一致,以减少实验误差。

【思考题】

根据实验结果说明普鲁卡因与肾上腺素联合使用的临床意义。

第三章　中枢神经系统药物

实验10　氯丙嗪对家兔体温的影响

【实验目的】

观察氯丙嗪对家兔体温的影响。

【实验原理】

氯丙嗪能抑制下丘脑体温调节中枢,导致动物体温调节失常,使体温随外界环境温度的变化而发生变化。其降温作用除抑制下丘脑体温调节中枢兴奋性外,还能阻断α受体,使血管扩张,散热增加,并降低机体新陈代谢,减少产热,故其能降低发热动物的体温,也会导致正常体温降低。

【实验材料】

1. 实验动物

家兔,1只/组。

2. 实验器材

肛温计、5 mL注射器、冰袋、兔固定器、台秤。

3. 试剂与药品

2.5%氯丙嗪溶液、生理盐水、凡士林。

【实验方法】

(1)取家兔4只,称重并编号,观察其正常活动。将家兔放入兔固定器中,左手提高兔尾,右手将末端涂有凡士林的肛温计插入兔肛门内3~4 cm,3 min后取出,观察并记录家兔体温。

(2)分别于1、2号家兔耳缘静脉注射2.5%氯丙嗪溶液0.3 mL/kg(7.5 mg/kg);3、4号家兔耳缘静脉注射等容量的生理盐水作为对照。给药后,立即在1、4号家兔腹股沟放置冰袋。分别在给药后20 min、40 min、60 min各测量体温1次,并记录结果。

【实验结果】

将实验结果填入表2-3-1中。

表2-3-1 氯丙嗪对家兔体温的影响

编号	给药前体温/℃	药物种类	剂量/(mg/kg)	给药后体温/℃		
				20 min	40 min	60 min
1						
2						
3						
4						

【注意事项】

(1)每只家兔最好固定用同一只肛温计,测量前将水银甩至35 ℃以下,测量体温时要避免家兔挣扎,肛温计插入深度应一致。

(2)实验室温度要保持恒定。

(3)本实验可采用单盲法,将药物编号为1、2、3、4号药,最后根据实验结果判断分别是何种药物。

【思考题】

简述氯丙嗪对中枢神经系统的药理作用特点及机理,以及使用该药时的注意事项。

实验11 三种镇痛药的作用效果比较

【实验目的】

通过镇痛实验,学习镇痛药研究中常用的止痛方法(化学刺激法或热板法),掌握常用镇痛药的作用。

【实验原理】

镇痛药为主要作用于中枢神经系统、选择性抑制痛觉、使疼痛减轻或消除的药物,在镇痛的同时不影响意识和其他感觉。由于其反复应用易于成瘾,故称为成瘾性镇痛药或麻醉性镇痛药。

内阿片肽是体内分泌的一种神经递质。当机体受疼痛刺激时,体内释放内阿片肽产生镇痛作用。通常疼痛刺激使感觉神经末梢兴奋并放出兴奋性递质(可能为P物质),与接受神经元上受体结合,将痛觉冲动传入脑内引起疼痛。脑啡肽神经元释放的内阿片肽(脑啡肽)与感觉神经末梢的阿片受体结合,抑制P物质释放,阻止痛觉冲动传入脑内。吗啡可能与脑内阿片受体结合,模拟内阿片肽作用,抑制P物质释放,产生镇痛作用。

局部组织在发生炎症或各种损伤时能释放组胺、5-羟色胺、缓激肽、前列腺素(PG)等炎性介质,造成红、肿、热、痛等炎症反应。其中PG具有痛觉增敏作用,增加外周痛觉感受器对止痛物质的敏感性。非甾体抗炎药,如阿司匹林、氟尼辛葡甲胺等药物通过抑制环氧酶而减少PG合成和释放,产生明显的镇痛作用。

【实验材料】

1. 实验动物

昆明种小鼠,4只/组。

2. 实验器材

注射器、鼠笼。

3. 试剂与药品

0.6%醋酸溶液、0.4%哌替啶注射液、3%安乃近注射液、3%氟尼辛葡甲胺注射液。

【实验方法】

1. 致痛模型

(1)化学刺激法:许多刺激性化学物质如强酸、强碱、钾离子等接触皮肤黏膜或注入体内,均能引起疼痛反应,可用作制备疼痛模型,用于研究生理及筛选镇痛药。本实验可采用酒石酸锑钾或醋酸溶液注入小鼠腹腔内,引起深部大面积且较持久疼痛刺激,致使小鼠产生"扭体反应"(腹部内凹,躯干及后腿伸长,臀部高抬)。可通过记录10 min内小鼠扭体次数来评价动物疼痛程度。

(2)热板法:将体重20 g左右雌性小鼠放在预热至50~55 ℃的金属板上(可用恒温水浴器金属底板作为热板),恒温,以小鼠舔后足反应或跳跃反应的潜伏期为痛阈指标。实验前应筛选动物,一般将反应潜伏期小于5 s或大于30 s的动物剔除。为防足部烫伤,应设截止时间为60 s,或疼痛阈值为基础痛阈值的2倍。基础痛阈测定应间隔5 min,测2~3次取平均值。

2.镇痛药作用观察

采用上述任何一种致痛模型进行实验。首先每组选择体重18~22 g小鼠4只,甲鼠腹腔注射0.4%哌替啶0.1 mL/10 g,乙鼠腹腔注射3%安乃近0.1 mL/10 g,丙鼠腹腔注射3%氟尼辛葡甲胺注射液0.1 mL/10 g,丁鼠腹腔注射等体积生理盐水作为对照组。30 min后,各腹腔注射0.6%醋酸溶液0.2 mL或0.6 mL(冬天),观察10 min内小鼠发生扭体反应的次数。

【实验结果】

收集所有实验结果,按下列公式计算药物镇痛百分率:

$$镇痛百分率=\frac{实验组无扭体反应动物数-对照组无扭体反应动物数}{对照组扭体反应动物数}\times100\%$$

【注意事项】

(1)若采用化学刺激法应注意:室温宜恒定于20 ℃,温度较低或高温时,小鼠扭体次数减少甚至不扭体。

(2)若采用热板法则要注意:不同个体对热板刺激反应有不同表现,多数表现为舔足,故多采用舔足作为疼痛反应指标。舔足反应为一种保护作用,而跳跃则为逃避反应,故宜选取其一作为指标。雄鼠易因阴囊下垂而烫伤,故选用雌性小鼠进行实验。

【思考题】

(1)比较哌替啶、安乃近、氟尼辛葡甲胺镇痛作用的强弱及作用机制。

(2)使用镇痛药的注意事项。

实验12　尼可刹米对呼吸抑制家兔的解救作用

【实验目的】

观察尼可刹米对家兔呼吸抑制的解救作用。

【实验原理】

苯巴比妥对呼吸的抑制是通过抑制延髓呼吸中枢而实现的,尼可刹米可直接兴奋呼吸中枢,也可提高呼吸中枢对CO_2的敏感性,故可使呼吸加深加快,但剂量过大可引起惊厥。

【实验材料】

1. 实验动物

家兔,2只/组。

2. 实验器材

注射器、婴儿秤。

3. 试剂与药品

10%苯巴比妥注射液、25%尼可刹米注射液。

【实验方法】

每组取家兔2只,称重,待其安静后,观察记录正常呼吸次数。然后由耳缘静脉快速注射10%苯巴比妥溶液(20 mg/kg),注意观察动物的呼吸。当呼吸明显受到抑制时(呼吸频率减慢,呼吸加深),再由耳缘静脉缓注25%尼可刹米溶液0.3～0.5 mL,边注射边观察动物的呼吸变化,记录实验结果。

【实验结果】

根据动物表现及观察到的现象,记录实验结果。

【注意事项】

(1)用苯巴比妥后,立即准备尼可刹米,当动物呼吸次数变为40～60次/min时,应进行解救。

(2)注射尼可刹米必须缓慢,防止动物发生惊厥而死亡。

【思考题】

苯巴比妥引起呼吸抑制的原因是什么?为什么尼可刹米可以解救?

第四章　生殖系统药物

实验13　缩宫素和麦角新碱对小鼠离体子宫的兴奋作用

【实验目的】

学习离体子宫的制作及实验方法,观察缩宫素和麦角新碱对离体子宫的作用。

【实验原理】

缩宫素能选择性兴奋子宫,加强子宫平滑肌的收缩。麦角新碱与缩宫素的区别是前者对子宫体和子宫颈都兴奋,且剂量稍大能导致整个子宫强直性收缩。

【实验材料】

1.实验动物

未孕雌性小鼠,体重30 g以上。

2.实验器材

离体子宫平滑肌灌流装置或改良式离体组织灌流装置、恒温平滑肌浴槽。计算机生物信号采集与处理系统(或二道生理记录仪)、张力换能器、鼠笼、万能支架、螺旋夹、双凹夹、温度计、乳胶管、滴管、手术剪、眼科镊、眼科剪、注射器、注射针头、棉线、丝线、烧杯、培养皿、乐氏液(NaCl 9.0 g、KCl 0.42 g、CaCl$_2$ 0.24 g、NaHCO$_3$ 0.1~0.3 g、葡萄糖2.0 g,加蒸馏水至1 000 mL)。

3.试剂与药品

0.1%雌二醇注射液、0.2 IU/mL和2 IU/mL缩宫素注射液、0.2 mg/mL马来酸麦角新碱注射液。

【实验方法】

1.准备实验

(1)恒温平滑肌浴槽装置:将乐氏液加入中央标本槽内,至浴槽的2/3高度。在恒温浴槽中加入自来水,开启电源,将恒温工作点定在38 ℃。

(2)标本制备:取体重30 g以上未孕小鼠1只,于实验前1 d腹腔注射0.1%雌二醇注射液3.5 mg/kg,使动物发情。注射24 h后将小鼠颈椎脱臼致死,从腹正中线剖开下腹部,用眼科镊轻轻拨开大网膜和脂肪,在膀胱和直肠之间可见粉红色"Y"形子宫。将两侧子宫从子宫角处游离,立即置于盛有乐氏液的培养皿中。

(3)取一侧子宫,将两端用丝线结扎,一端固定在标本槽内的标本固定钩上,另一端与张力换能器相连,缓慢通入95%O_2和5%CO_2混合气体,每秒1~2个气泡。

(4)仪器连接与调试:连接二道生理记录仪,安装记录装置。将张力换能器输入端与系统的第3通道或第4通道相连,进入计算机生物信号采集与处理系统。

2.正式实验

(1)观察记录正常子宫在乐氏液中的收缩曲线。

(2)向标本槽内加入0.2 IU/mL缩宫素0.5 mL,3 min后再加入2 IU/mL缩宫素0.1 mL,观察和记录子宫收缩各项指标的变化,计算子宫活动力。

(3)观察到明显作用后,用预先准备的38 ℃乐氏液冲洗子宫3次,待子宫活动恢复正常后,向标本槽内加入0.2 mg/mL马来酸麦角新碱注射液0.2 mL,观察和记录下述指标。

收缩张力:即每次收缩的最低点。

收缩强度:即每次收缩的最高点。

收缩频率:即每分钟的收缩次数。

子宫活动力=收缩强度×收缩频率。

【实验结果】

剪贴子宫收缩曲线,并做好标记。将观察结果记录在表2-4-1中,并进行分析和解释。

表2-4-1 子宫收缩药对离体子宫的作用效果

观察指标	给药前	给药后		
		0.2 IU/mL缩宫素	2 IU/mL缩宫素	0.2 mg/mL马来酸麦角新碱
收缩张力/mg				
收缩强度/mg				
收缩频率/(次/min)				
子宫活动力/(mg·次/min)				

【注意事项】

(1)制备标本时,操作务必轻柔敏捷,切勿用力牵拉或刺激子宫标本,以免损伤子宫组织。

(2)固定子宫标本时,连接标本固定钩的丝线应尽量短,以免标本露出乐氏液外,影响标本活性。

(3)标本固定后,应在乐氏液中适应稳定 5~10 min,待组织恢复节律运动后方可进行实验。加药后操作时间不要过长。

(4)实验过程中应注意通气,避免标本缺氧失活。

【思考题】

(1)比较不同浓度缩宫素对离体子宫的影响。

(2)比较缩宫素和马来酸麦角新碱对子宫平滑肌的作用特点。

第五章　皮质激素类药物

实验14　糖皮质激素对红细胞膜的稳定作用

【实验目的】

观察氢化可的松对红细胞膜的稳定作用。

【实验原理】

糖皮质激素具有广泛的药理作用,包括抗炎、抗免疫、抗内毒素、抗休克和影响代谢,具有以上药理作用的主要原因是糖皮质激素具有稳定细胞膜及细胞器膜,尤其是溶酶体膜的作用,减少蛋白水解酶和各种致炎因子的释放,减轻或阻止炎症的发生发展。本实验观察大剂量糖皮质激素氢化可的松稳定红细胞膜,抑制溶血现象的发生。桔梗含皂苷成分,与糖皮质激素的甾体结构相似,可影响其药效。

【实验材料】

1. 实验动物

大白兔1只。

2. 实验器材

试管、吸管。

3. 试剂与药品

0.5%氢化可的松溶液、4%桔梗煎剂滤液、2%红细胞生理盐水悬液、生理盐水。

2%红细胞生理盐水悬液配制方法:采血至需要血量,置抗凝剂处理的离心管内,加2倍量灭菌生理盐水,2 000 r/min离心10 min,弃上清液,再加生理盐水悬浮红细胞,同上法离心沉淀,如此将红细胞洗涤三次,最后根据所需用量,用灭菌生理盐水配成2%红细胞悬液。

【实验方法】

取试管3支,各加2%红细胞悬液3 mL。第1管加生理盐水1 mL,第2管加生理盐水0.5 mL,第3管加0.5%氢化可的松溶液0.5 mL,摇匀。10 min后,第2、3管各加4%桔梗煎剂滤液0.5 mL,摇匀。此后每隔2~3 min检查一次,观察三管是否出现溶血现象,并记录之。

【实验结果】

将实验结果记录在表2-5-1中。

表2-5-1 糖皮质激素对红细胞膜的稳定效果

试管号	2%红细胞液	生理盐水	0.5%氢化可的松	4%桔梗煎剂滤液	溶血情况
1	3 mL	1.0 mL	—	—	
2	3 mL	0.5 mL	—	0.5 mL	
3	3 mL	—	0.5 mL	0.5 mL	

【思考题】

(1)糖皮质激素的抗炎作用机制及主要不良反应是什么?
(2)糖皮质激素对生物膜保护作用的理论和临床意义是什么?

实验15　地塞米松对急性炎症的影响

【实验目的】

观察二甲苯的致炎作用及地塞米松的抗炎作用,掌握抗炎药物的研究方法及地塞米松的抗炎机制。

【实验原理】

二甲苯是一种有机溶剂,具有强烈的化学刺激性,涂擦于小鼠耳部皮肤,能损伤组织,引起组胺、缓激肽和纤溶酶等致炎物质释放,使局部毛细血管通透性增加,浆液渗出,细胞浸润,导致小鼠耳部急性炎症。糖皮质激素类药物(地塞米松等)具有很强大的抗炎作用,能对抗如物理、化学、生理、免疫等多种原因所引起的炎症,在炎症早期可减轻渗出、水肿、毛细血管扩张、白细胞浸润及吞噬反应,从而改善红、肿、热、痛等炎性症状。

【实验材料】

1. 实验动物

昆明种小鼠,6只/组。

2. 实验器材

1 mL注射器、打孔器(直径6 mm)、木板、电子秤、棉棒。

3. 试剂与药品

0.5%地塞米松磷酸钠注射液、二甲苯、生理盐水。

【实验方法】

(1)取健康小鼠6只,称重,编号,并随机分为2组,每组3只。

(2)2组分别腹腔注射0.5%地塞米松磷酸钠注射液和生理盐水0.1 mL/10 g,记录给药时间。

(3)给药30 min后,2组小鼠都于左耳郭前后均匀涂擦二甲苯0.02 mL,右耳不涂药物作为空白对照。

(4)给药60 min后,将小鼠颈椎脱臼致死,沿耳郭基线剪下双耳,用打孔器分别在双耳同一部位取圆形耳片,分别称重,并按以下公式计算肿胀度和肿胀率。

$$肿胀度 = 左耳片重 - 右耳片重$$

$$肿胀率 = \frac{肿胀度的平均值}{右耳片重的平均值} \times 100\%$$

【实验记录】

记录小鼠两耳的肿胀度和肿胀率于表2-5-2中。

表2-5-2 地塞米松对小鼠两耳的肿胀度和肿胀率的影响

组别	药物	给药剂量/(mg/kg)	平均肿胀度/mg	平均肿胀率/%
1	地塞米松			
2	生理盐水			

【注意事项】

(1)涂擦二甲苯应均匀,剂量准确,取下的耳片应与涂擦的致炎剂部位一致。

(2)应选用锋利的打孔器,一次性取下耳片。

【思考题】

糖皮质激素的抗炎特点和抗炎机制是什么?临床应用应注意哪些问题?

第六章 自体活性物质和解热镇痛抗炎药

实验16 组胺与抗组胺药对离体肠道平滑肌的作用

【实验目的】

(1)利用离体回肠标本,观察组胺和抗组胺药苯海拉明对回肠道平滑肌H_1受体的作用。

(2)了解竞争性拮抗剂效价强度PA2值的测定方法及意义。

【实验原理】

肠道平滑肌组织可自律性运动,耗能较少,收缩速度较慢,较易发生同步性(强直性)收缩。电刺激、温度、神经递质、激素及某些药物均可影响平滑肌细胞的通透性,改变其张力和运动。实验中在离体回肠标本的台氏液中加入不同的药物,通过标本张力和运动的变化,反映药物对肠道平滑肌的作用。

【实验材料】

1.实验动物

家兔、豚鼠或大鼠1只。

2.实验器材

计算机生物信息采集与处理系统或二道生理记录仪、张力传感器、3 L氧气瓶、100 μL微量注射器、10 mL注射器、吸管、100 mL烧杯、培养皿、毛剪、手术剪、敷料镊、眼科剪、眼科镊、手术刀柄和刀片、缝合针、缝合线。

3.试剂与药品

10^{-5} mol/L、10^{-4} mol/L、10^{-3} mol/L磷酸组胺溶液[以灭菌双蒸水稀释0.1%(1 mL∶1 mg)磷酸组胺注射液至所需浓度],10^{-6} mol/L、10^{-5} mol/L盐酸苯海拉明溶液(以灭菌双蒸水稀释2%(1 mL∶20 mg)盐酸苯海拉明注射液至所需浓度),台氏液(NaCl 8.0 g、KCl 0.2 g、$MgCl_2$ 0.1 g、NaH_2PO_4 0.05 g、$NaHCO_3$ 1.0 g、$CaCl_2$ 0.2 g、葡萄糖1.0 g,加蒸馏水至1 000 mL)。

【实验方法】

(1)离体回肠标本的制备:取豚鼠(或兔、大鼠)一只,禁食24 h后处死。将动物固定于手术台,腹部剪毛后,沿腹正中线切开皮肤,剖开腹腔,找到回盲部,迅速沿肠缘剪去肠系膜和脂肪,在其上方约3 cm处剪断肠管,取出回肠,放到充氧、保温37 ℃的台氏液中,用吸管吸取台氏液洗净肠内容物,将回肠剪成数段约2 cm的肠段,置于台氏液中保存备用。

(2)实验时,取上述备用肠段,两端用缝针穿线。一端固定于浴槽内的标本固定钩上,移入盛有10 mL台氏液的恒温灌流(37 ℃,95%O_2和5%CO_2混合气体)浴槽中,另一端连接张力换能器,适当调节换能器高度,使标本保持合适的松紧度。

(3)连接计算机生物信号采集与处理系统或二道生理记录仪,平衡30 min,描记一肠段正常运动曲线。

(4)依次向浴槽内加入不同浓度组胺溶液。每加一种浓度药液后,观察肠段的运动情况2 min,记录运动曲线。当肠段收缩达到顶峰时,放掉浴槽中的台氏液,并用温台氏液冲洗2次,再加入温台氏液10 mL。

(5)待曲线恢复正常后,分别加盐酸苯海拉明溶液于浴槽内至苯海拉明浓度为$1×10^{-9}$ mol/L、$1×10^{-8}$ mol/L,15 min后,同上法再分别作两条组胺的量效曲线。观察苯海拉明对组胺的拮抗作用。

【实验结果】

(1)绘制磷酸组胺的量-效关系曲线。

(2)绘制应用苯海拉明后磷酸组胺的量-效关系曲线,解释实验现象。

【注意事项】

(1)制备标本时应将回肠中的内容物清洗干净,并小心剪去附着于肠袢的系膜组织,且尽量减少组织损伤。

(2)肠段应自然垂直悬挂并完全浸于台氏液中,不能贴壁,不能人为将线拉紧或放松。

(3)离体组织悬挂后应根据组织大小给予一定的张力负荷,一般为0.5~1.0 g。

(4)向台式液中充氧时,通气口应与标本保持一定距离,还可在通气管口填塞一块塑料海绵,使气泡散开,尽量减少气泡对组织的扰动。

(5)通常一个离体标本可进行数次实验,但在用另一种药物前,必须更换台氏液,并将标本淋洗3~5次,以完全除去原来的药物,待标本恢复正常活动后才能进行新的实验。

为分析药物的作用机制,可先在台氏液中加相应的拮抗剂或受体阻断剂,然后再滴入待测药物并观察其药效。

【思考题】

根据实验结果分析苯海拉明的药理作用及临床用途。

实验17　解热镇痛药对发热家兔体温的影响

【实验目的】

观察解热镇痛药的解热作用。

【实验原理】

蛋白胨注射入家兔体内后,作为一种异体蛋白质,会刺激机体产生炎症反应,从而引起家兔发热。复方氨基比林为非甾体抗炎药,可抑制环氧酶活性,减少前列腺素的合成,从而降低前列腺素介导的炎症反应所引起的体温升高。

【实验材料】

1. 实验动物

家兔,1只/组。

2. 实验器材

电子秤、体温表、注射器。

3. 试剂与药品

10%复方氨基比林溶液、10%蛋白胨。

【实验方法】

取成年家兔2只,编号为甲、乙,分别检查并记录正常体温(兔体温在38.5~39.5 ℃者为合适)。于实验4 h前给乙兔皮下注射10%蛋白胨10 mL/kg,待体温比正常时升高1 ℃以上时,则进行实验。甲、乙两兔分别给予腹腔注射10%复方氨基比林溶液2 mL/kg,于给药后0.5 h、1 h、1.5 h测量体温,观察各兔体温的变化。

【实验结果】

将实验结果记录于表2-6-1中。

表2-6-1　复方氨基比林对发热家兔体温的影响

兔号	体重/kg	药物	正常体温/℃	给药后体温/℃		
				0.5 h	1 h	1.5 h
甲						
乙						

【思考题】

实验结果说明了什么问题？临床上应用解热镇痛药应注意什么？

第七章　体液和电解质平衡调节药物

实验18　利尿药和脱水药对家兔尿量的影响

【实验目的】

学习急性利尿实验方法,观察呋塞米和高渗甘露醇注射液对不麻醉兔的利尿作用。

【实验原理】

呋塞米为高效利尿药,通过减少肾小管髓袢升支粗段皮质和髓质部 Na^+-K^+-Cl^- 同向转运,使得肾脏的重吸收功能降低,尿量增加。甘露醇为脱水药,在体内不被代谢,排泄时经肾小球滤过而很少重吸收,能在肾脏形成局部高渗环境,阻碍水从肾小管重吸收而产生利尿作用。

【实验材料】

1. 实验动物

雄性家兔,2只/组。

2. 实验器材

兔手术台、10号导尿管、量筒、烧杯、兔开口器、兔胃管、注射器。

3. 试剂与药品

0.9%NaCl、1%呋塞米、20%甘露醇、液体石蜡。

【实验方法】

(1)取雄性家兔2只,分别称重,用胃管灌入温水40 mL/kg。30 min后,将兔固定于手术台上。

(2)将导尿管前端用液体石蜡润滑,自尿道口逆行缓慢插入膀胱。导尿管通过膀胱括约肌进入膀胱后,即有尿液自导尿管滴出。再插入1~2 cm(共插入8~12 cm),用胶布将导尿管与兔体固定。

（3）将最初 5 min 内滴出的尿液弃去不计。待尿液滴数稳定后，在导尿管下部接一量筒，记录每分钟尿液滴数，收集 20 min 排出的尿量（亦可用自动计滴装置计数 20 min 内每分钟尿液滴数），作为给药前的对照值。

（4）耳缘静脉注射给药：甲兔注射 1% 呋塞米 1 mL/kg（10 mg/kg），乙兔注射 20% 甘露醇注射液 5 mL/kg。给药后，计数 20 min 内的尿量，并比较两兔给药前后尿量的变化。

【实验结果】

实验动物的种类、性别、体重、预先给水负荷经过、收集尿液的方法、所给药物及剂量、给药前后尿量的变化。

【注意事项】

为避免导尿不畅，可在导尿管尖端两侧各剪一小孔。导尿管插入的深度也应适当。

【思考题】

（1）利尿药及脱水药的定义是什么？在本实验中能否看出两者的区别？若不能则需要补充什么实验？

（2）常用利尿药的作用部位和作用机制是什么？呋塞米为何具有强效利尿作用？

第八章 抗微生物药

实验19 磺胺类药物抗菌作用机制分析

【实验目的】

通过本实验观察磺胺类药物体外抗菌作用,进而理解磺胺类药物抗菌作用机制。

【实验原理】

敏感细菌利用二氢蝶啶和对氨基苯甲酸(PABA)在二氢叶酸合成酶的催化下合成二氢叶酸,磺胺类药物与PABA结构极为相似,可竞争性抑制叶酸代谢中二氢叶酸合成酶的活性,从而抑制细菌叶酸的合成,产生抑菌作用。

【实验材料】

1. 器材

镊子、打火机、酒精灯、记号笔、微量移液器、游标卡尺、试管、试管架、灭菌平皿、铂金耳、试纸、L形棒、恒温培养箱、超净工作台、高压灭菌器、电子天平。

2. 试剂与药品

乙型溶血性链球菌[菌株编号CMCC(B) 32210],4%、1%磺胺嘧啶钠溶液(取20%磺胺嘧啶钠注射液,以灭菌双蒸水定容至所需浓度),用0.5%对氨基苯甲酸溶液(取0.5 g对氨基苯甲酸,1 mol/L冰醋酸助溶,灭菌双蒸水定容至100 mL)稀释20%磺胺嘧啶钠注射液配制的4%、1%磺胺嘧啶钠溶液(SD),LB肉汤(按说明书配制),LB琼脂血平板[取LB琼脂,按说明书溶解于三角烧瓶内,高压灭菌(121 ℃、15 min)后,冷却至50 ℃,加无菌脱纤维兔血($V:V$=1 000∶60),旋转式充分摇匀后倾至平板,血琼脂层厚4 mm]。

【实验方法】

(1)取溶血性链球菌一铂金耳,加入1 mL灭菌LB肉汤中,置恒温培养箱37 ℃培养

16 h后，取出0.1 mL菌液接种于血琼脂平板上，用"L"字形棒涂匀。

（2）取直径为6 mm圆形滤纸片，分别浸入4%、1%磺胺嘧啶钠溶液以及用0.5%对氨基苯甲酸溶液配制的4%、1%磺胺嘧啶钠溶液中，使其全部浸湿后取出，分别贴在接种溶血性链球菌的血琼脂平板上，重复3次。置恒温培养箱内37 ℃培养24 h。

（3）培养24 h后观察细菌的生长情况，用游标卡尺测量抑菌圈直径，比较不同含药纸片抑菌圈直径大小。

【实验记录】

记录给予不同浓度、不同药液后的抑菌圈直径于表2-8-1中。

表2-8-1 PABA对磺胺嘧啶抑菌效果的影响

药物		4%SD	1%SD	0.5%PABA+4%SD	0.5 %PABA+1%SD
抑菌圈直径 /mm	1				
	2				
	3				

【注意事项】

（1）实验过程应注意无菌操作，测量抑菌圈直径时要仔细准确，并及时做好记录，重复3次，实验结果记录为$\bar{x}\pm SD$，并进行统计分析。

（2）血琼脂平皿中琼脂层的厚度一般为4 mm，否则会影响抑菌圈直径的大小。

【思考题】

根据滤纸片周围抑菌圈大小不同，试说明磺胺类药物的抗菌机制。

实验20 药物的体内抗菌实验

【实验目的】

了解细菌感染实验治疗方法的基本过程，并观察青霉素G钠的体内抗菌作用及半数有效量（ED_{50}）的测定。

【实验原理】

青霉素 G 钠为 β-内酰胺类抗生素,与细菌细胞膜上青霉素结合蛋白(PBPs)结合,抑制转肽酶、羧肽酶、内肽酶的活性,阻止细胞壁黏肽的交叉联结,使细菌细胞壁不能合成或形成缺损的细胞壁。由于渗透压的作用,导致细胞外液内渗,并激活自溶酶系统,使细菌溶胀死亡。

体内抗菌实验法是在体外抗菌试验的基础上,制备动物细菌感染模型进行抗菌药物治疗或预防实验,进而对抗菌药物的疗效做出定量评价。主要评价指标有半数有效量(ED_{50})或半数保护量。体内抗菌实验获得的结果可为评价抗菌药物的有效性提供参考。

【实验材料】

1. 实验动物

昆明种小鼠30只(18~22 g)。

2. 实验器材

鼠笼、1 mL注射器、15 mL试管、试管架、高压灭菌锅、培养皿。

3. 试剂与药品

MH肉汤(按说明书配制)、金黄色葡萄球菌(编号 ATCC25923)、5%胃膜素悬液(称取胃膜素5 g放于研钵内,加少量生理盐水研磨,边研边加生理盐水,最后加至100 mL,于10磅(0.133MPa)加压10 min灭菌即可,临用时调整其pH值至7.0)、青霉素G钠注射液、2.5%碘酊、70%乙醇、5%苯酚溶液。

【实验方法】

1. 菌液制备

将金黄色葡萄球菌(ATCC25923)接种于灭菌MH肉汤中,37 ℃培养16~18 h。用平皿计数法测定实验感染用的活菌数(如条件一致,则不必每次测定)。将上述菌液用生理盐水依次稀释为10^{-1},10^{-2},10^{-3},…,10^{-8}倍的菌液;再取此不同浓度的菌液各1 mL加5%胃膜素悬液9 mL,即制成浓度为10^{-2},10^{-3},10^{-4},…,10^{-9}倍的菌悬液备用。

2. 预试

将不同浓度的菌悬液分别于腹腔注射入3~5只小鼠,每只0.5 mL,观察小鼠死亡情况。正式实验时选用感染后引起小鼠死亡率达75%~95%的菌液量进行感染。

肺炎球菌和链球菌的腹腔感染可不用胃膜素稀释,而是将在MH培养基中培养16~18 h的菌液向小鼠腹腔注射0.2~0.5 mL,记录24~48 h内动物死亡情况。

3.正式实验

取18~22 g的小鼠30只,雌雄均可,雌者须无孕。按性别、体重、随机分为6组,5只/组。用预试中选定并适当稀释的菌悬液,每只鼠腹腔注射0.5 mL菌悬液以感染各组小鼠。第1~5组于感染的同时及感染后6 h肌内注射不同剂量青霉素G钠,剂量分别为20万 IU/kg、14万 IU/kg、9.8万 IU/kg、6.9万 IU/kg、4.8万 IU/kg(亦可在实验前根据细菌敏感情况调整用量),对照组小鼠肌内注射等量的生理盐水。连续观察2~3 d,记录各组小鼠死亡率并进行统计分析。

【实验结果】

将实验结果记录于表2-8-2中。

表2-8-2 青霉素G钠的体内抗菌效果

药物名称	剂量/(万 IU/kg)	对数剂量	动物数	死亡率/%
青霉素G钠				
生理盐水				

【注意事项】

(1)本实验须按微生物实验中处理感染动物的常规情况进行,严防生物污染。

(2)实验中带菌动物应严加管理,严禁逃逸发生。

(3)实验所用药物的浓度必须预试,试出恰当的浓度后再进行实验,药物剂量不应随意改变。所用实验菌株应为标准致病菌株,以确保实验结果的可重复性。

(4)动物须准确称重,按剂量给药,否则影响实验结果。

(5)实验结束后,应将全部接种过菌液的动物在保证死亡之后进行焚化或置入消毒液缸内消毒,用肥皂洗手后用碘酊及酒精擦手,以防传播疫病,所有带菌液器材均须灭菌处理。

【思考题】

(1)抗菌药物的体内抗菌实验包括哪些基本步骤?应如何进行?

(2)影响实验结果的因素有哪些?并分析其对实验结果的影响。

实验21 磺胺噻唑对肾脏的毒性观察

【实验目的】

通过镜检观察灌服磺胺噻唑后小鼠尿液中是否出现结晶,以了解磺胺类药物对肾脏的毒性作用。

【实验原理】

磺胺类药物在体内可生物转化成乙酰化产物,乙酰化磺胺在泌尿系统内结晶,出现结晶尿,严重者可出现血尿、蛋白尿。

【实验材料】

1. 实验动物

昆明种小鼠,1只/组。

2. 实验器材

鼠笼、婴儿秤、1 mL注射器、小鼠灌胃器、玻璃钟罩、显微镜、载玻片、胶头滴管。

3. 试剂与药品

40%磺胺噻唑混悬液(灭菌双蒸水100 mL+磺胺噻唑40 g,制成混悬液)、10%氢氧化钠溶液。

【实验方法】

取小鼠1只,以灌胃法灌生理盐水0.5 mL,5 min后小鼠经口灌服40%磺胺噻唑混悬液0.2 mL/10 g,1 h后收集小鼠尿液,置于载玻片上。收集尿液的方法:可将玻片置于鼠笼下收集少量尿液于载玻片上,或用毛细吸管吸取排泄于桌面上的尿液,然后置于载玻片上。

稍等片刻,于低倍镜下检查尿中有无磺胺结晶。其结晶有两种:一种为成束的麦秆状结晶,其束位于中间,两侧对称,有时呈菊花状;另一种为菱形结晶。然后在镜检发现磺胺结晶较多的尿液中加一滴10%NaOH溶液,观察其结晶是否还存在或数目是否减少。

【实验结果】

记录所观察到的现象。

【思考题】

临床如何合理使用磺胺类药物及其使用注意事项。

实验22　硫酸链霉素的急性中毒及其解救

【实验目的】

观察硫酸链霉素的急性中毒症状,了解其解救方法。

【实验原理】

链霉素为氨基糖苷类药物,其毒性较大,用量过大时,对神经肌肉接头产生阻滞作用。其急性中毒症状主要表现为急性肌肉松弛,严重时可导致呼吸麻痹、呼吸抑制而死亡。钙制剂及新斯的明可解救链霉素急性中毒引起的运动及呼吸抑制。

【实验材料】

1. 实验动物

家兔,2只/组。

2. 实验器材

婴儿秤、人工呼吸机、橡皮导管、剪刀、注射器、棉球。

3. 试剂与药品

25%硫酸链霉素溶液、10%葡萄糖酸钙溶液、0.05%甲基硫酸新斯的明溶液。

【实验方法】

取兔2只,编号,称体重,观察动物的呼吸频率及深度、翻正反射及四肢肌肉张力。甲兔耳缘静脉注射硫酸链霉素0.4 g/kg(25%溶液1.6 mL/kg),观察其反应。当出现呼吸麻痹时,将与人工呼吸机的出气口相连的橡皮导管插入兔的一侧鼻孔,连续给予人工呼吸,观察其呼吸频率及深度、翻正反射及四肢肌肉张力变化。

乙兔耳缘静脉注射硫酸链霉素0.4 g/kg(25%溶液1.6 mL/kg),当呼吸麻痹后同样通过鼻导管给予人工呼吸,并静脉注射葡萄糖酸钙250 mg/kg(10%溶液2.5 mL/kg)及甲基硫酸新斯的明0.15 mg/kg(0.05%溶液0.3 mL/kg),观察其呼吸频率及深度、翻正反射及四肢肌肉张力变化能否恢复。

【实验结果】

将实验结果记录于表2-8-3中。

表2-8-3 硫酸链霉素急性中毒及解救

兔(编号)	处理阶段	观察项目		
		呼吸情况	翻正反射	四肢肌肉张力
1	给药前			
	给链霉素后			
2	给药前			
	给链霉素后			
	给葡萄糖酸钙及甲基硫酸新斯的明后			

【注意事项】

救治链霉素中毒时,如果葡萄糖酸钙给药一次疗效不明显时,可追加适当剂量。

【思考题】

(1)链霉素的急性中毒主要表现在哪些方面?应如何解救?

(2)链霉素中毒机制及解毒机制分别是什么?

第九章　防腐消毒药

实验23　防腐消毒药的作用观察

【实验目的】

观察防腐消毒药对蛋白液、肝及皮毛的作用，了解防腐消毒药的作用机制。

【实验原理】

防腐消毒药是指能够抑制病原微生物生长繁殖或杀灭病原微生物的药物。其作用机制是通过使菌体蛋白质凝固或变性、改变胞质膜通透性、干扰代谢酶系统等发挥消毒防腐作用。

【实验材料】

1. 实验动物

家兔1只。

2. 器材

大试管2支、小试管6支、玻璃板、记号笔、镊子、滴瓶。

3. 试剂与药品

20%蛋白液（取2 mL鸡蛋清加8 mL灭菌水混匀制成）、家兔皮毛及肝组织（分离家兔肝脏，切成约1 cm³小块）、常水、75%乙醇、0.1%新洁尔灭、5%苯酚、1%利凡诺、10%氢氧化钠、3%过氧化氢、0.1%高锰酸钾（均装于滴瓶内）。

【实验方法】

（1）取小试管6支，各加入20%蛋白液约2 mL。然后向各管分别加入表2-9-1所列的1~6号常水或消毒液，观察各管蛋白液的变化。

（2）取家兔皮毛3小块、家兔肝脏3小块，分别放在3支大试管、3支小试管中，然后分别向两管中加入6~8号消毒液，静置10 min后，观察皮毛、肝脏及管内药液发生的变化。

【实验结果】

将实验结果记录于表2-9-1中。

【注意事项】

加入乙醇的体积约为2 mL,并应沿管壁徐徐加入,使之置于蛋白液上;其他药液各加2~3滴即可。

【思考题】

试比较说明防腐消毒药的效果及其作用机制。

表2-9-1　不同常水/消毒液防腐消毒药对蛋白液、肝及皮毛的作用

编号	常水/消毒液	20%蛋白液	肝脏组织	皮毛组织
1	常水			
2	75%乙醇			
3	0.1%新洁尔灭			
4	5%石炭酸			
5	1%利凡诺			
6	10%氢氧化钠			
7	3%过氧化氢			
8	0.1%高锰酸钾			

第十章 特效解毒药

实验 24 有机磷药物中毒及其解救

【实验目的】

(1)掌握有机磷药物中毒症状及血液胆碱酯酶活性的变化。
(2)根据阿托品和氯解磷定对有机磷中毒的解救效果,分析两药的解毒机制。

【实验原理】

有机磷与胆碱酯酶结合后所形成的磷酰化胆碱酯酶性质稳定,因而使胆碱酯酶失去水解乙酰胆碱的活性,导致体内乙酰胆碱蓄积过多而中毒。特效解毒药胆碱酯酶复活剂分子中的C=NOH基团(肟基)与磷原子亲和力强,能竞争结合在酶上的磷酸基,恢复胆碱酯酶活性,从而解除有机磷中毒。阿托品能阻断乙酰胆碱对M胆碱受体的作用,为有机磷中毒的生理拮抗剂。

【实验材料】

1.实验动物

家兔,2只/组。

2.实验器材

10 mL注射器2支、兔固定箱、瞳孔尺、小鼠灌胃针头、肝素钠预处理的试管、试管架、刀片、木夹、干棉球。

3.试剂与药品

0.2%阿托品、5%敌百虫、2.5%氯解磷定、胆碱酯酶测定试剂盒(比色法)。

【实验方法】

(1)取家兔2只,以甲、乙编号,称重,观察家兔的活动情况、呼吸(频率、幅度、节律是否均匀)、瞳孔大小、唾液分泌、大小便、肌肉张力及有无肌震颤等,分别加以记录。

(2)将两兔分别固定于箱内,用酒精棉球涂擦耳壳,使血管扩张。当充血明显时,用刀片切割耳缘静脉(切口不要过大、过深),让血液自然流出,滴入含有肝素钠的试管内,轻轻摇匀,用于测定全血中胆碱酯酶活力。如取血后切口流血不止,可用干棉球按压,再夹上木夹止血。

(3)两兔分别给予有机磷农药:于取血耳朵的对侧耳缘静脉注射5%敌百虫2 mL/kg,密切注意给药后家兔上述生理指标的变化,加以记录。中毒症状明显时,再按上法取血,按说明书操作胆碱酯酶测定试剂盒(比色法),测定血液中胆碱酯酶活力。

(4)立即给甲兔静脉注射0.2%阿托品1 mL/kg,给乙兔静脉注射2.5%氯解磷定2 mL/kg,然后每隔5 min再检查各项生理指标一次,观察两兔的情况有无好转,特别注意甲兔和乙兔的区别。中毒症状明显减轻后,再次抽取两兔耳缘静脉血液,测定血液胆碱酯酶活力。

【实验结果】

将实验结果记录于表2-10-1中。

表2-10-1 阿托品、氯解磷定解救有机磷中毒的效果

兔号	体重	观察阶段	活动情况	呼吸情况	瞳孔大小	唾液分泌	大小便次数及性状	肌肉张力及震颤	胆碱酯酶活力
甲		给药前							
		给敌百虫后							
		给阿托品后							
乙		给药前							
		给敌百虫后							
		给氯解磷定后							

【注意事项】

(1)敌百虫的精制,可利用其在沸水中溶解度增加、冷却后可结晶析出的性能来进行。取粗制敌百虫溶解于沸水中,保温过滤。将滤液放置冷却,滤取结晶,干燥后即得精制敌百虫。

(2)给家兔静注敌百虫后,如经15 min尚未出现中毒症状,可追加1/3量。

(3)本实验是为分析阿托品和氯解磷定的解毒机制而设计的。在临床实际应用中,须将阿托品与氯解磷定配合应用,才能获得最佳解毒效果。为防止动物死亡,在实验结束时也应给两兔分别补充注射氯解磷定与阿托品。

【思考题】

(1) 根据本次实验结果,分析有机磷农药中毒机制及阿托品和解磷定解毒原理。
(2) 筛选有机磷中毒解救剂时,应观察哪些指标?
(3) 为什么对中度或重度有机磷农药中毒动物,必须联合使用阿托品和胆碱酯酶复活药?

【实验拓展】

比色法测定全血胆碱酯酶活力。

【实验原理】

在反应系统中加入一定量的乙酰胆碱,温育一定时间,胆碱酯酶使乙酰胆碱水解为胆碱和乙酸。未被胆碱酯酶水解而剩余的乙酰胆碱与碱性羟胺作用生成乙酰羟胺。乙酰羟胺在酸性溶液中成为乙酰羟肟酸再与三氯化铁反应生成棕色铁的复合物。

依据颜色深浅计算剩余乙酰胆碱含量,推算出水解乙酰胆碱的酶活力。全血胆碱酯酶活力的比色测定法实验原理如下。

$$(CH_3)_3C\!-\!\underset{\underset{\text{乙酰胆碱}}{}}{\overset{OH}{N}}\!-\!(CH_2)_2\!-\!O\!-\!\overset{O}{\overset{\|}{C}}\!-\!CH_3 + H\!-\!\underset{\underset{\text{羟胺}}{}}{\overset{H}{N}}\!-\!OH \xrightarrow{OH^-}$$

$$CH_3\!-\!\overset{O}{\overset{\|}{C}}\!-\!\underset{\underset{\text{乙酰羟胺}}{}}{\overset{H}{N}}\!-\!OH + (CH_3)_3C\!-\!\underset{\underset{\text{胆碱}}{}}{\overset{OH}{N}}\!-\!(CH_2)_2\!-\!OH$$

$$3\left[CH_3\!-\!\overset{\overset{O}{\|}}{\underset{\underset{H}{|}}{C}}\!-\!N\!-\!OH\right] + Fe^{3+} \xrightarrow{H^+} 3\left[CH_3\!-\!\overset{\overset{O}{\|}}{\underset{\underset{H}{|}}{C}}\!-\!N\!-\!O\right]Fe + 3H^+$$

乙酰羟胺　　　　　　　　　　　棕色铁的复合物

【实验器材】

试管、试管架、吸管、恒温水浴锅、分光光度计、漏斗、滤纸。

【实验药品与试剂】

（1）2/15 mol/L 磷酸氢二钠溶液：称取 $Na_2HPO_4 \cdot 12H_2O$ 23.87 g，用蒸馏水溶解，稀释至 500 mL。

（2）2/15 mol/L 磷酸二氢钾溶液：称取 KH_2PO_4 9.08 g，用蒸馏水溶解，稀释至 500 mL。

（3）pH 7.2 磷酸盐缓冲液：取 2/15 mol/L 磷酸氢二钠溶液 72 mL，与 2/15 mol/L 磷酸二氢钾溶液 28 mL 混合即成。

（4）0.001 mol/L pH 4.5 醋酸盐缓冲液：先由每升含冰醋酸 5.78 mL 的水溶液 28 mL 和每升含醋酸钠（不含结晶水）8.20 g 的水溶液 22 mL 混合，成为 0.1 mol/L pH 4.5 醋酸盐缓冲液，临用前以蒸馏水稀释 100 倍。

（5）0.07 mol/L 乙酰胆碱底物贮存液：快速称取氯乙酰胆碱 0.127 g（或溴化乙酰胆碱 0.158 g），溶于 0.001 mol/L pH 4.5 醋酸盐缓冲液 10 mL 中。在冰箱中可保存 4 周。

（6）0.07 mol/L 乙酰胆碱底物工作液：临用前取 0.07 mol/L 乙酰胆碱底物贮存液，用 pH 7.2 磷酸盐缓冲液稀释 10 倍。

（7）碱性羟胺溶液：临用前取等量 14% 氢氧化钠溶液和 14% 盐酸羟胺溶液，混合即成。

（8）4 mol/L 盐酸溶液：取相对密度 1.19 的盐酸 1 单位体积，加蒸馏水 2 单位体积，混合即成。

（9）10% 三氯化铁溶液：称取 $FeCl_3 \cdot 6H_2O$ 10 g，用 0.1 mol/L 盐酸溶解，加蒸馏水至 100 mL。

【实验方法】

按表 2-10-2 操作。每加一种试剂后均须充分摇匀，保温时间须严格控制。

表 2-10-2　比色法测定全血胆碱酯酶活力步骤

步骤	加入量/mL 标准管	测定管	空白管
（1）pH7.2 磷酸盐缓冲液	1.0	1.0	1.0
（2）全血（混匀后）	0.1	0.1	0.1
（3）37 ℃水浴预热 3 min			
（4）乙酰胆碱底物工作液	—	1.0	—
（5）37 ℃水浴保温 20 min			
（6）碱性羟胺溶液	4.0	4.0	4.0
（7）乙酰胆碱底物工作液	1.0	—	—
（8）室温静置 2 min			
（9）4 mol/L 盐酸溶液	2.0	2.0	2.0
（10）10% 三氯化铁溶液	2.0	2.0	2.0
（11）乙酰胆碱底物工作液	—	—	1.0
（12）用滤纸过滤，选用 525 nm 于 15 min 内比色完毕。以蒸馏水校正吸收度，读取各管吸收度			

【实验结果】

按如下公式计算胆碱酯酶活力。

$$胆碱酯酶活力（单位/mL）=\frac{（标准管吸收度-空白管吸收度）-（测定管吸收度-空白管吸收度）}{标准管吸收度-空白管吸收度}\times 70$$

注：通常以 1 mL 血液在规定条件下能分解 1 μmol/L 乙酰胆碱为 1 个胆碱酯酶活力单位。计算式中的"70"是由于每管中加有 7 μmol/L 乙酰胆碱、0.1 mL 血液，7×1.0/0.1=70。

第三部分

综合性实验

实验1 传出神经药物对家兔在体肠肌的作用

(一)在体实验

【实验目的】

观察并分析作用于传出神经系统药物对肠道平滑肌的作用。

【实验原理】

动物肠道平滑肌受迷走神经支配,能产生自律性运动,收缩速度较慢,较易发生强直性收缩。胆碱能药物和肾上腺素能药物可分别作用于胆碱能神经M、N受体或α和β受体,从而增强或抑制肠道平滑肌的收缩。

【实验材料】

1. 实验动物

家兔,1只/组。

2. 实验器材

手术台,婴儿秤,手术刀,剪刀,1 mL、2 mL、20 mL注射器,针头,蛙心夹,手术线,缝合针,镊子,试管夹,兔肠管悬吊固定套管,支架,张力换能器,BL-420生物机能实验系统。

3. 试剂与药品

10%乌拉坦、0.9%NaCl、1%阿托品、0.1%硝酸毛果芸香碱、0.5%毒扁豆碱。

【实验方法】

取兔1只,称重,10%乌拉坦10 mL/kg耳缘静脉麻醉后,仰卧固定于兔台上,沿腹正中线切口,长约5 cm,剖开腹腔,选取一段长约10 cm的空肠,于两端肠系膜无血管处各穿一小孔,经此二孔用手术线结扎肠管的两端固定在套管上,再将套管用试管夹固定于支架上,将连有长线的蛙心夹夹住结扎肠管段的中间,线的另一端与张力换能器受力片相连。固定好换能器位置,按以下步骤进行操作。

将换能器输入端插头与BL-420系统前面板"1通道"(或2、3通道)输入接口接好,用鼠标选择"输入信号"菜单中"1通道"(或2、3通道)菜单项,以弹出"1通道"(或2、3通道)子菜单,在"1通道"(或2、3通道)菜单中选择"张力"信号,用鼠标单击工具条上"启动波形显示"命令按钮,或者从"基本功能"菜单中选择"启动波形显示"命令项,此时"1通道"(或2、3通道)显示窗口可有肠道平滑肌蠕动波形显示,根据窗口中显示的波形,再适当地调节实验参数,以获取最佳实验效果(也可以将用鼠标选择"输入信号"改成选择"实验项目"菜单中的"消化实验"菜单项,以弹出"消化实验"子菜单,在消化实验子菜单中选择"消化道平滑肌运动")。描记正常肠管蠕动波形后,从耳缘静脉注射下列药物:

(1) 0.1% 硝酸毛果芸香碱0.1 mL/kg,描记一段蠕动波形。
(2) 0.1% 阿托品0.1 mL/kg,描记肠管蠕动曲线。
(3) 0.5% 毒扁豆碱0.1 mL/kg,观察肠蠕动波形有何变化。

【实验结果】

根据需要可进行描记图形的记录、剪辑、粘贴、打印后进行实验结果分析。

【注意事项】

(1) 处理肠管时操作要轻柔,勿损伤肠系膜血管。
(2) 实验中可同时观察瞳孔、唾液分泌等变化。
(3) 此实验也可用二道生理记录仪进行,动物实验操作方法同上,实验用仪器改用二道生理记录仪,张力换能器的输入端插头插入仪器FD-2功能放大器输入插孔,调节好仪器各有关部位(由教师课前调好)后,描记一段正常肠管蠕动曲线后,按上述给药顺序进行给药。

(二)离体实验

【实验目的】

学习离体平滑肌器官的实验方法,观察拟胆碱药和抗胆碱药、拟肾上腺素药和抗肾上腺素药对离体兔肠的作用。

【实验原理】

同在体实验。

【实验材料】

1. 实验动物

家兔1只。

2. 实验器材

麦氏(Magnus)浴槽、恒温水浴锅、L形通气管、温度计、充气球胆、铁支架、张力换能器、弹簧夹、螺旋夹、双凹夹、粗剪刀、手术剪、眼科镊、广口瓶(500 mL)、量筒、注射器、烧杯、培养皿、缝合针、缝合线、张力换能器、BL-420生物机能实验系统。

3. 试剂与药品

0.001%氯化乙酰胆碱溶液、0.1%硫酸阿托品溶液、0.002%盐酸肾上腺素溶液、0.3%盐酸普萘洛尔溶液、0.001%甲基硫酸新斯的明溶液、台氏(Tyrode's)液。

【实验方法】

1. 取制肠段标本

取空腹家兔1只,耳缘静脉注射空气栓塞致死,迅速开腹,剪取整个空肠及回肠上半段,迅速置于冷台氏液中,除去肠系膜,用台氏液将肠内容物冲洗干净,剪成长约2 cm的小段,置盛有台氏液的培养皿内备用。多余肠管如不及时应用,可剪成数段,连同台氏液置于4 ℃冰箱中保存,12 h内仍可使用。

2. 装于麦氏浴槽

在肠段两端用缝针各穿一线,将肠段一端系在通气管的小钩上。将通气管连同肠段放入盛有(38±0.5)℃台氏液的麦氏浴槽内(台氏液量30 mL),以双凹夹将通气管的另一端固定在铁支架上,使充满空气的球胆和通气管相连,微微开启球胆橡胶管上螺旋夹,使球胆内的空气以每秒2个气泡的速度从通气管尖端小孔逸出,供给肠肌以氧气。

3. 标本连接及记录

肠段另端的线系于张力换能器的小钩上,将换能头输出线与电源部分的输入插座相连,电源部分的输出线连接于记录仪。浴槽中的肠肌承受约1 g的拉力。开动记录仪,记录一段正常收缩曲线,然后依次用药。

(1)加0.001%氯乙酰胆碱溶液0.1 mL,记录结果,当肠段收缩明显时,立即加入(2)。

(2)加0.1%硫酸阿托品溶液0.1 mL,观察对肠段收缩的影响。收缩曲线下降到基线时再加入(3)。

(3)加0.001%氯乙酰胆碱溶液,剂量同(1),记录结果,如作用不明显,接着追加(4)。

(4)加 0.001% 氯乙酰胆碱溶液 1 mL，此时肠段有无收缩？观察 3 min 后更换浴槽中的台氏液 3 次。

(5)加入 0.002% 肾上腺素溶液 0.2 mL，观察对肠段的舒张作用，待作用明显后，用台氏液冲洗肠段 3 次。

(6)加入 0.3% 普萘洛尔溶液 0.2 mL，接触 2~3 min 后，加入肾上腺素，剂量同(5)，与首次用肾上腺素时的结果比较，观察有何不同，观察结束后用台氏液冲洗肠段 3 次。

(7)加入 0.001% 新斯的明溶液 0.2 mL，当作用明显时，加入 0.1% 硫酸阿托品溶液 0.1 mL，观察对肠段收缩的影响。

【实验结果】

以描图和文字记述正常离体肠肌的张力和舒缩情况、加入各种药物后的反应，对实验结果作适当讨论。

【注意事项】

(1)注意控制浴槽水温，调节肠肌的张力，否则会影响肠段收缩功能及对药物的反应。

(2)实验方法中的用药量以麦氏浴槽中有 30 mL 左右台氏液为准。如台氏液体积改变，用药量亦相应调整。

【思考题】

(1)离体平滑肌保持收缩状态需要哪些基本条件？

(2)试从受体学说分析阿托品对肠肌的作用，并讨论这些作用的临床意义。

(3)普萘洛尔阻断什么受体而拮抗肾上腺素的作用？

注：本实验既可用兔肠来做，也可用豚鼠肠来做，但两者稍有区别。

(1)兔肠的肌层较厚，通气最好用 95%O_2+5%CO_2，用药后须多换几次台氏液，才能将药物洗去。豚鼠肠的肌层较薄，一般通气即可，洗去药物也较容易。

(2)兔肠的肌层较厚，收缩力较强，以加 1 g 左右的负荷为宜。豚鼠肠的肌层很薄，收缩力较弱，以加 0.5 g 左右的负荷为宜。

(3)兔肠的腔道较宽，自发收缩也较多，剪成短段置于台氏液中后，其内容物可自动洗出。豚鼠肠需小心地向肠管内滴加台氏液将其中的内容物洗出。

(4)兔的肠段自发活动较多，适宜于做观察药物对肠运动影响的实验。豚鼠肠段自发活动较少，基线稳定，适宜于做生物检定(特别是组胺)实验。

实验2　强心苷对蛙心的作用

（一）在体蛙心实验

【实验目的】

通过描记在体蛙心收缩曲线,观察强心苷对在体蛙心的作用。

【实验原理】

毒毛花苷K为强心苷类药物,可以与心肌细胞膜上的Na^+-K^+-ATP酶特异性结合,部分抑制酶的活性,减少了Na^+的转运,胞内Na^+浓度增加,与胞外Ca^{2+}交换增加,胞内Ca^{2+}浓度增加,并使肌浆网内Ca^{2+}浓度增加,增强了心肌收缩力。

【实验材料】

1. 实验动物

蛙(或蟾蜍),1只/组。

2. 实验器材

蛙板、蛙腿钉、手术剪、手术镊、眼科剪、眼科镊、蛙心夹、丝线、铁支架、双凹夹、秒表、1 mL注射器、张力换能器、BL-420生物机能实验系统。

3. 试剂与药品

20%乌拉坦溶液、毒毛花苷K溶液。

【实验方法】

1. 实验动物麻醉

取蛙(或蟾蜍)1只,用20%乌拉坦溶液0.5 mL腹腔淋巴囊注射麻醉后,背位固定于蛙板上。

2. 安放蛙心夹

从胸骨下端向上剪除胸部皮肤和胸骨,剪开心包膜暴露心脏,用连有丝线的蛙心夹夹住心尖部。

3.连接心脏收缩曲线描记装置

将与蛙心夹相连的丝线与张力换能器受力片相连,将换能器水平位固定于铁架上,同时调节好丝线的张力。将换能器的输入端插头与BL-420系统前面板上的"1通道"(或2、3通道)输入接口接好。

4.描记心脏收缩曲线

(1)用鼠标选择"输入信号"菜单中的"1通道"菜单项,以弹出"1通道子菜单"。

(2)在"1通道子菜单"中选择"张力"信号。

(3)使用鼠标单击工具条上的"启动波形显示"命令按钮,或者从"基本功能"菜单中选择"启动波形显示"命令项。此时在窗口中将有心肌收缩曲线显示。

1)选择"实验项目"菜单中的"循环实验"菜单项,以弹出"循环实验子菜单"。

2)在"循环实验子菜单"中选择"蛙心灌流"实验模块。

(4)根据信号窗口中显示的曲线波形,再适当调节实验参数以获取最佳心肌收缩曲线显示。

以上的步骤(1)(2)(3)也可由下面的两步骤来代替:

(5)给药。观察记录一段心脏正常收缩曲线,然后于股淋巴囊注射毒毛花苷K 0.25 mg/只,连续观察30 min内心肌收缩力、心率和心律的变化。

【实验结果】

记录蛙心收缩曲线,注明给药后心肌收缩力、心率和心律的变化,并分析其原因。

【思考题】

本实验可观察到强心苷类药物对心脏有哪些作用。

(二)离体蛙心实验

【实验目的】

学习斯氏离体蛙心灌注法,观察强心苷对离体蛙心收缩强度、频率和节律的影响以及强心苷和钙离子的协同作用。

【实验原理】

蛙心离体后,用理化性质类似于两栖类动物血浆的任氏液灌注时,在一定时间内仍保持有节律的舒缩活动,而改变灌流液的理化性质后,心脏的节律性舒缩活动亦随之改变,说明内环境理化因素的相对恒定是维持正常心脏活动的必要条件。此外,心脏受植物性神经的支配及某些体液因素的调节和药物作用的影响。因此,在灌流液中滴加肾上腺素、乙酰胆碱及其相应的受体阻断剂心得安和阿托品等药品,可间接观察神经体液因素对心脏活动的影响。

【实验材料】

1. 实验动物

蛙或蟾蜍(70 g以上),2只/组。

2. 实验器材

蛙板、探针、手术器械(手术剪、手术镊、眼科剪、眼科镊)、斯氏蛙心插管、蛙心夹、丝线、铁支架、双凹夹、长柄木夹、滴管、张力换能器、BL-420生物机能实验系统。

3. 试剂与药品

任氏液、低钙任氏液(所含$CaCl_2$量为一般任氏液的1/4,其他成分不变)、5%洋地黄溶液(或0.1%毒毛花苷G溶液)、1%氯化钙溶液。

【实验方法】

(1)取蛙或蟾蜍1只,用探针破坏脑及脊髓,背位固定于蛙板上。先剪开胸部皮肤,再剪除胸部肌肉及胸骨,打开胸腔,剪破心包膜,暴露心脏。

(2)在主动脉干分支处之下穿一线,打好松结,备结扎插管之用。于左动脉上(手术剪尖端朝向心方向)剪"V"字形切口,插入盛有任氏液的蛙心插管,通过主动脉球转向左后方,同时用镊轻提动脉球,向插管移动的反向拉,即可使插管尖端顺利进入心室。见插管内的液面随着心搏而上下波动后,将松结扎紧、并将结扎线挂在靠近插管尖端侧的小钩上,然后剪断两根动脉。持插管提起心脏,用线自静脉窦以下把其余血管一起结扎,在结扎处下剪断血管,使心脏离体。用滴管吸去插管内血液,并用任氏液连续换洗,至无血色,使插管内保留1.5 mL左右的任氏液(图3-2-1)。

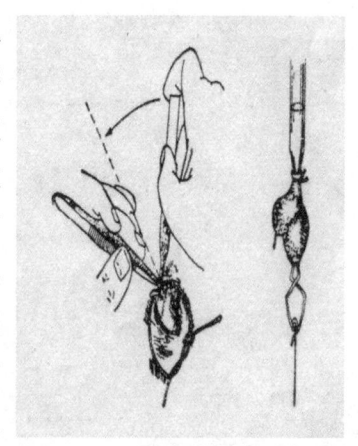

图3-2-1 斯氏离体蛙心的制备

（3）用带有长线的蛙心夹夹住心尖,将长线连于张力换能器,采用BL-420生物机能实验系统观察、记录心脏搏动情况。

（4）记录一段正常心搏曲线后,依次换加下列药液。每加一种药液后,密切注意心缩强度、心率、房室收缩的一致性等方面的变化。

1）换入低钙任氏液；

2）当心脏收缩显著减弱时,向插管内加入5%洋地黄溶液0.1~0.2 mL(或0.1%毒毛花苷G溶液0.2 mL)；

3）当心脏收缩明显时,再向插管内加入1%氯化钙溶液2~3滴。

【实验结果】

记录心脏的收缩曲线,图下标注加药、换药、心率、房室收缩的一致性、心室体积变化等方面的说明。

【注意事项】

（1）本实验以用青蛙心脏为好。蟾蜍因其皮下腺体中含有强心苷样物质,其心脏对强心苷较不敏感。

（2）在实验中以低钙任氏液灌注蛙心,使心脏的收缩减弱,可以提高心肌对强心苷的敏感性。

【思考题】

在本实验中可以观察到强心苷的哪些药理作用？

实验3　替米考星对小鼠半数致死量(LD_{50})的测定

【实验目的】

通过实验学习测定药物LD_{50}的方法、步骤和计算过程,了解药物急性毒性试验的设计及操作。

【实验原理】

急性毒性试验是评价化合物毒性最基础的试验方法,除测定外源化学物半数致死量(LD_{50})这类经典急性致死性毒性试验外,还有其他急性毒性试验方法,如耐受限量测定、7 d喂养试验、近似致死量试验法、固定剂量法、急性毒性分级法、阶梯法、金字塔法、限量试验、急性系统毒性试验等。其中,以半数致死量测定、耐受限量测定和7 d喂养试验在急性毒性研究中应用较多。

LD_{50}是指药物能造成半数实验动物发生死亡的剂量,是评价药物急性毒性大小的重要标志。一般而言,LD_{50}值越小说明药物毒性越大,反之就越小。药物致死性作用属于质反应,以剂量对数值作为横坐标,死亡率为纵坐标,绘制的量-效曲线图呈"S"形曲线,其中心点的纵坐标为50%死亡率,横坐标为$logLD_{50}$。在引起50%实验动物发生死亡所对应的剂量(LD_{50})附近的剂量略有变化时,死亡率变化很大。这说明用LD_{50}来表示药物毒性最灵敏、最准确、误差最小,因此,LD_{50}是判定药物毒性强弱最恰当、最常用的指标。

药物LD_{50}测定方法常有寇氏法(kerber)、改良寇氏法、概率单位法(Bliss法)等,各有其优缺点。其中改良寇氏法操作、计算较简便易行,结果较准确,比较常用。

【实验材料】

1.实验动物

昆明种小鼠60~80只(体重18~22 g,雌雄均可,应注明性别)。实验动物选择原则:一般选用成年小鼠或/和大鼠,体重范围为小鼠18~22 g、大鼠180~220 g,雌雄各半,健康和营养状况良好。如已了解受试药物毒性,应选择对其敏感的动物进行试验,如黄曲霉毒素选择雏鸭,氰化物选择鸟类。动物购买后要适应性饲养7~14 d。

2.实验器材

注射器及针头、鼠笼、天平。

3.试剂与药品

磷酸替米考星溶液(临用前用精制品配制)、苦味酸溶液。

【实验方法】

1.预实验

(1)探索剂量范围及组间距

取小鼠16~20只,以4只为一组分成4~5组,选择组距较大的一系列等比剂量,分别以磷酸替米考星腹腔注射,观察出现的症状并记录死亡数,找出引起0%及100%死亡率剂量的所在范围。如先用10倍稀释的受试物系列,找出大致范围,再用1、2、4、8等2倍稀释浓度。每组用4只动物,当出现4/4死亡时,如前一组为3/4死亡,则取4/4死亡组的剂量为最高致死量(D_{max});如前一组为2/4或1/4死亡,考虑到正式实验死亡率可能低于70%,为慎重起见,可将4/4死亡组剂量乘1.4倍作为D_{max}。同样可以找出最低致死量(D_{min})。

(2)剂量设置的原则及方法

各组剂量按等比级数,各组动物数量相等,大致有一半组数的动物死亡率在10%~50%之间,另一半在50%~100%之间,最好出现0%和100%死亡率剂量组。组间距有两种设计方法:

①$i=(lgLD_{100}-lgLD_0)/(n-1)$ 或 $i=(lgLD_{90}-lgLD_{10})/(n-1)$

i:组间距,即相邻两组对数剂量之差;n:组数。LD_{100}:绝对致死剂量;LD_0:最大非致死剂量;LD_{90}:90%致死剂量;LD_{10}:10%致死剂量。

②$r=\sqrt[n-1]{\dfrac{a}{b}}$

r:相邻两组剂量的比值,一般为1.2~1.5;a:最高致死量;b:最低致死量;n:组数。

通过预实验确定磷酸替米考星一次腹腔注射对小鼠的最高致死量(a)及最低致死量(b),根据上述公式及组数n计算出组间距。

(3)分组数量

组数恰当也是保证实验结果准确的条件之一。因为组数过多,不仅需要消耗过多的动物,还可能导致死亡率的规律性较差;而组数过少,则不能准确求出LD_{50}。急性毒性实验一般设计5~7个剂量组,具体分组数量取决于致死剂量范围及最高致死剂量与最大耐受量(或最低致死剂量)比值的大小(表3-3-1)。

表 3-3-1 剂量比值及最佳分组数

	B	剂量比值 r(对数剂量差,$i=-\lg r$)对应的组数							
		0.6	0.65	0.7	0.75	0.8	0.85	0.88	0.9
最高致死量、最低致死量相差倍数(B),$B=a/b$	$B=2$	—	—	—	3~4	4	5~6	6~7	7~8
	$B=3$	—	3~4	4	4~5	6	7~8	9~10	—
	$B=4$	3~4	4~5	5	5~6	7~8	9~10	—	—
	$B=6$	4~5	5~6	6	7~8	9	—	—	—
	$B=9$	5~6	6	7~8	8~9	10	—	—	—
	$B=10$	6	6~7	8	9~10	—	—	—	—
	$B=14$	6~7	7	8~9	10	—	—	—	—

注:阴影数据为最佳分组数。

(4)配制药物

取精制替米考星原料药,以磷酸助溶,按照最高致死剂量以及 0.2 mL/10 g 的攻毒体积配制最高剂量组所需药物浓度,然后按组间距依次稀释至每个剂量组所需的药物浓度,正式实验时按 0.2 mL/10 g 体积进行攻毒。

2.正式试验

(1)取小鼠 36 只,用苦味酸进行编号,称重,按体重由大到小进行排序,按随机区组设计进行随机分组,分为 6 组,每组 6 只。

(2)在预试所获得的 0% 和 100% 的致死量范围内,选用 5 个剂量(一般用 3~5 个剂量,按等比级数增减),尽可能使半数组的死亡率都在 50% 以上,另半数组的死亡率在 50% 以下。

(3)完成动物分组和剂量计算后按组进行腹腔注射给药(最好先从中剂量组开始,以便能从最初几组动物接受药物后的反应来判断两端的剂量是否合适,可随时进行调整)。

3.LD_{50} 测定中应观察记录的项目

(1)实验各要素:实验题目,实验日期,检品的批号、来源、理化性状、配制方法及所用浓度等,动物品系、来源、性别、体重、给药方式及剂量(药物的绝对量与溶液的容量)和给药时间等。

(2)给药后各种反应:潜伏期(从给药到开始出现毒性反应的时间);中毒现象及出现的先后顺序,开始出现死亡的时间;死亡集中时间;末只死亡时间;死前现象。逐日记录各组死亡只数。

(3)尸解及病理切片:从给药时开始计时,凡 2 h 以后死亡的动物,均及时尸解以观察内脏病变,记录病变情况。

【实验结果】

1.中毒反应观察

给予受试物后,应观察并记录实验动物中毒表现和死亡情况。观察记录应尽量准确、具体、完整,包括出现中毒的程度与时间,对死亡动物可做大体解剖。啮齿动物中毒表现观察项目见表3-3-2。

表3-3-2 啮齿动物中毒表现观察项目

器官系统	观察及检查项目	中毒后一般表现
中枢神经系统	行为	改变姿势,叫声异常,不安或呆滞
	动作	震颤,运动失调,麻痹,惊厥,强制性动作
	各种刺激的反应	易兴奋,知觉过敏或缺乏知觉
	大脑及脊髓反射	减弱或消失
	肌肉张力	强直,弛缓
自主神经系统	瞳孔大小	缩小或放大
	分泌	流涎,流泪
呼吸系统	鼻孔	流鼻涕
	呼吸性质和速率	徐缓,困难,潮式呼吸
心血管系统	心区触诊	心动过缓,心律不齐,心跳过强或过弱
胃肠系统	腹形	气胀或收缩,腹泻或便秘
	粪便硬度和颜色	粪便不成形,黑色或灰色
生殖泌尿系统	阴户,乳腺	膨胀
	阴茎	脱垂
	会阴部	污秽
皮肤和毛皮	完整性,颜色,张力	竖毛,发红,皱褶,松弛,皮疹
黏膜	黏膜	流黏液,充血,出血性紫绀,苍白
	口腔	溃疡
眼	眼睑	上睑下垂
	眼球	眼球突出或震颤
	透明度	混浊
其他	直肠或皮肤温度	降低或升高
	一般情况	姿势不正常,消瘦

2. LD_{50}、95%可信限计算及毒性评价

计算LD_{50}及95%可信限数值,根据表3-3-3毒性判定标准判定受试物毒性分级,记录于表3-3-4中。

(1)按公式计算$LD_{50}=\lg^{-1}[X_m-i(\Sigma P-0.5)]$,或$LD_{50}=\lg^{-1}\{X_m-i[\Sigma P-(3-P_m-P_n)/4]\}$。当同时出现0%和100%死亡时,用前者计算$LD_{50}$,否则,用后者计算。

(2) $S_{X50}=i\sqrt{\sum\dfrac{PP_1}{n}}$

(3) LD_{50} 95%可信限 $=\lg^{-1}(\lg LD_{50}\pm 1.96\times S_{X50})$。

注：X_m为最大对数剂量，i为相邻两组剂量比值的对数，P为各组动物死亡率（用小数表示），P_m为最高死亡率，P_n为最低死亡率，P_1为各组动物存活率（$p_1=1-P$）。

表3-3-3 急性毒性LD_{50}剂量分级表

级别	小鼠口服LD_{50}/(mg/kg)	相当于人的致死量 mg/kg	g/人
极毒	<1	稍尝	0.05
剧毒	1~50	500~4 000	0.5
中等毒	51~500	4 000~30 000	5
低毒	501~5 000	30 000~250 000	50
实际无毒	5 001~15 000	250 000~500 000	500
无毒	>15 000	>500 000	2 500

表3-3-4 替米考星LD_{50}、95%可信限及毒性评级

受试物剂量/(mg/kg)	对数剂量	动物数/只	死亡动物数/只	死亡率/%	LD_{50}/(mg/kg)	95%可信限	毒性等级

【注意事项】

（1）供各组动物注射用的替米考星溶液最好为按剂量比例稀释而成的一系列浓度的溶液。这样可使各组动物单位体重所给药液的体积一致。

（2）从不同性别动物或以不同途径给药获得的结果应分别列表。若发现中毒反应和死亡率对于不同动物性别来说有明显差别，则应选择比较敏感的性别进行复试。

（3）改良寇氏法适用范围为最高剂量组实验动物死亡率需大于80%，最低剂量组死亡率小于20%，否则不适合用改良寇氏法计算LD_{50}及95%可信限范围。

【思考题】

（1）什么叫LD_{50}？测定LD_{50}的意义和根据是什么？

（2）计算LD_{50}及其95%可信限的意义是什么？

实验4 药物体外抗菌活性测定(纸片扩散法和肉汤稀释法)

【实验目的】

观察常用抗菌药物的抗菌作用,了解细菌对药物敏感性测定的一般方法及最小抑菌浓度(MIC)值的测定方法。

【实验原理】

1. 纸片扩散法

琼脂为多孔体系,载药纸片贴于琼脂表面,药物以纸片为中心通过琼脂孔隙向周围扩散,越远离纸片,药物浓度越低。当琼脂表面涂布细菌菌液后,高浓度区域药物对细菌产生抑制作用,低浓度区域细菌正常生长,从而形成抑菌圈,抑菌圈的大小在一定程度上反映了药物对该细菌作用的强弱。

2. 试管二倍稀释法/微量稀释法

通过二倍稀释使药物形成由高到低的浓度梯度,能够产生抑菌作用的最低药物浓度为最小抑菌浓度(MIC)。在测定药物对细菌MIC基础上,将肉眼观察澄明试管(MIC值对应试管前推2~3管)中取100 μL培养物分别移种至不含抗菌药物的MH琼脂平板上均匀涂布,倒置过夜进行培养观察。生长菌落数少于5个的平板所对应肉汤管中的最低药物浓度,为药物的最低杀菌浓度(MBC)。

【实验材料】

1. 实验器材

平皿、微量移液器、枪头、高压灭菌锅、试管、镊子、游标卡尺、注射器、鼠笼、天平。

2. 试剂与药品

质控菌、MH琼脂、MH肉汤、药敏纸片若干、青霉素G、链霉素、四环素、磺胺嘧啶钠等原料药。

【实验方法】

1.纸片扩散法(K-B纸片法)

(1)将灭菌MH琼脂培养基溶化后取15 mL倒入灭菌平皿内铺制空白平板。

(2)将大肠杆菌菌液用生理盐水稀释至0.5麦氏比浊管(约$1×10^8$ CFU/mL),然后再稀释至菌液浓度为$5×10^5$~$1×10^6$ CFU/mL,用无菌棉签均匀涂于平板表面,并以质控菌 E.coli ATCC25922作对照。

(3)将药敏纸片均匀贴于菌液平板表面,注意不要使纸片移动。

(4)将平板倒置于37 ℃培养箱中培养18~24 h后,测量抑菌圈大小,判定抗菌药物抑菌作用的强弱。

(5)结果判断。测定抑菌圈直径,根据抑菌圈大小结合美国临床与实验室标准协会(CLSI)标准判定报告药物的敏感性。

2.试管二倍稀释法测MIC值

(1)配制药液,浓度如下:青霉素G、链霉素、四环素、磺胺嘧啶钠,浓度均为256 μg/mL,过滤除菌备用。

(2)受试大肠杆菌转接于2 mL MH肉汤,于37 ℃培养箱内培养18 h,用生理盐水稀释菌液至浊度为10^5 CFU/mL。

(3)取9支无菌试管,依次加入配制好的菌液各1 mL。

(4)第一管中加入第一种药物溶液1 mL,混匀;取第一管中混合液1 mL至第二管,混匀,并依次作倍比稀释,最后一管多余液体弃去,另取一管加灭菌肉汤1 mL作空白对照,一管加药液1 mL作药液对照。

(5)其他药物的操作方法重复步骤(3)(4),并以 E.coli ATCC25922作质控。

(6)所有试管均置37 ℃培养箱内培养18~24 h观察结果。

按上述步骤做三次重复试验,以完全没有菌生长的最低浓度为最低抑菌浓度。

【实验结果】

记录各种药物的抑菌圈大小及MIC值,参照CLSI标准判定细菌对药物的敏感性。

【注意事项】

(1)上述实验的整个过程应在无菌室内超净工作台中进行,注意无菌操作,测量抑菌圈时要仔细准确,注意估读,并及时做好记录,重复3次,实验结果记录为$\bar{x}±SD$,并进行统计分析。

（2）药敏实验用的琼脂平板琼脂层厚度一般为4 mm，否则会影响抑菌圈直径大小。

（3）试管二倍稀释法测定抗菌药物的最低抑菌浓度的成败与准备工作、操作规范化密切相关。

（4）采用试管二倍稀释法测定每种药物对待测菌的最低抑菌浓度应该至少进行3次重复，实验结果记录为$\bar{x}\pm SD$，并进行统计分析。

【思考题】

（1）根据实验结果，比较各种药物对大肠杆菌抑菌作用的强弱。

（2）实验过程中为什么要进行质控和对照？

（3）结合兽医临床用药实际，分析药敏实验及MIC实验的意义。

实验 5　恩诺沙星在鸡体内的血药浓度及药代动力学参数的计算

【实验目的】

掌握高效液相色谱仪的使用、采用高效液相色谱仪测定药物浓度的方法,并掌握常用药代动力学软件的使用及药代动力学数据的计算和分析。

【实验原理】

高效液相色谱仪分离系统由固定相和流动相组成,通过色谱柱进行分离,经流动相进行洗脱,被分离的混合物由流动相液体推动进入色谱柱。根据各组分在固定相及流动相中吸附能力的不同进行分离,根据药物特定的紫外吸收波谱,以紫外检测器进行检测,以对照品制作标准曲线用以定量,考察本方法的精密度、回收率及检测限,并通过3P97程序进行药代动力学参数计算。

【实验材料】

1. 实验动物

鸡,1.5~2 kg/只,4只/组。

2. 实验器材

高效液相色谱仪(含四元泵、紫外检测器、自动进样器、柱温箱、联机/脱机化学工作站)、色谱柱、注射器、低温高速离心机、微型漩涡混合仪、电子分析天平、氮吹仪、pH计、试管、烧杯、离心管、抗凝管等。

3. 试剂与药品

恩诺沙星标准品、恩诺沙星原料药、乙腈、二氯甲烷、H_3PO_4、NaOH、氮气、正己烷等。

【实验方法】

1. 检测波长选择

在最大吸收波长附近选择吸收高、可以获得很好分离、杂质干扰少的波长作为检测波长,恩诺沙星的检测波长为278 nm。

2. 血浆中恩诺沙星检测的色谱条件

色谱柱：C18 高效液相色谱柱(5 μm, 25 cm×4.6 mm)；柱温：35 ℃；检测波长：278 nm；进样量：20 μL；流速：0.85 mL/min；流动相：0.1 mol/L H_3PO_4 溶液(三乙胺调 pH 为 3.5)：乙腈=84∶16(V/V)。

3. 主要工作液配制

(1) 0.1 mol/L H_3PO_4 溶液配制：准确移取 6.822 mL 85% H_3PO_4 溶液置于 1 L 容量瓶中，定容，用三乙胺调 pH 至 3.5，充分混匀，抽滤，超声排除气泡，待用。

(2) 1 mol/L 的 NaOH 溶液的配制：称取 NaOH 4.0 g，置于 25 mL 烧杯中，加水充分溶解后，转移至 100 mL 容量瓶中，定容即得。

(3) 20 mg/mL 恩诺沙星溶液的配制：精密称取恩诺沙星 2.0 g，置于 50 mL 烧杯中，逐渐少量加入 1 mol/L 的 NaOH 溶液，充分溶解后，转移至 100 mL 容量瓶中，定容至 100 mL。

(4) 恩诺沙星储备液：称取恩诺沙星对照品 10.0 mg，置于 10 mL 容量瓶中，加混匀的流动相充分溶解后定容，得含量为 1 mg/mL 溶液，4 ℃保存备用。

4. 给药方案与血样的采集

4 只试验鸡，试验前禁食 12 h，试验期间自由饮水，按每千克体重 10 mg 单次灌服恩诺沙星溶液，给药前采空白血(0 h)，给药后分别于 0.083 h、0.25 h、0.5 h、0.75 h、1 h、1.5 h、2 h、3 h、4 h、5 h、6 h、8 h、12 h、24 h 从翅静脉无菌采血，每次约 1 mL，置于肝素钠抗凝管，4 ℃、3 500 r/min 离心 10 min 分离血浆，所得血浆样品于 -20 ℃冰箱保存，待测。

5. 血浆样品处理方法

准确吸取血浆 200 μL，加入 2 mL 二氯甲烷，涡旋 3 min，4 ℃、8 000 r/min 离心 10 min，吸取下层有机相于 35 ℃水浴氮气吹干，加 200 μL 流动相复溶，涡旋混匀 3 min，再加入 400 μL 正己烷，4 ℃、8 000 r/min 离心 10 min，吸取 150 μL 下层溶液，用 0.22 μm 微孔滤膜过滤，取 20 μL 滤液进样分析。

6. 高效液相检测血浆中恩诺沙星的方法学建立

(1) 专属性考查：制备鸡空白血浆，空白血浆加恩诺沙星(1 μg/mL)和给药后 2 h 血浆样品。

(2) 标准曲线制备：准确吸取 180 μL 鸡空白血浆，分别加入 20 μL 不同浓度的恩诺沙星标准工作液，使其最终浓度分别为 0.05 μg/mL、0.1 μg/mL、0.5 μg/mL、0.8 μg/mL、1 μg/mL、2 μg/mL、4 μg/mL、5 μg/mL、10 μg/mL，每个浓度平行处理 5 个样品，按照上述方法处理血浆样品，以上述色谱条件进行检测，记录色谱峰面积，由恩诺沙星峰面积(Y)对恩诺沙星浓度(X)作标准曲线，并进行线性回归，得到回归方程，其中每个浓度的 5 个平行之间满足精密度和回收率要求。

(3)定量限和检测限:根据空白流动相的基线噪声值求其平均值,按信噪比 S/N=3求出检测限(LOD);按 S/N=10求出定量限(LOQ),其中定量限应满足精密度和准确度的要求。

(4)回收率:照上述标准曲线制备方法分别制备低、中、高(0.05 μg/mL、1 μg/mL、10 μg/mL)三个浓度的空白血浆加恩诺沙星样品,每浓度平行处理6个样品,按照上述方法操作处理样品,实测浓度结果与理论浓度值相比即得相对回收率。所得峰面积与按上述样品处理方法处理180 μL空白血浆,吹干后加入180 μL流动相复溶,再加入20 μL对应浓度的恩诺沙星标准工作液(0.5 μg/mL、10 μg/mL、100 μg/mL),混合后进样20 μL所得峰面积相比,即得提取回收率。

(5)精密度:按照上述回收率试验方法制备低、中、高(0.5 μg/mL、1 μg/mL、10 μg/mL)三个浓度的空白血浆加恩诺沙星样品,每个浓度平行处理5份,连续检测3 d,计算日内、日间精密度。

7. 数据的处理

根据血浆药物浓度时间数据,采用Graphpad Prism 5.0软件制作血药浓度-时间(药-时)曲线图,采用中国药理学会编制的3P97程序计算血药浓度时间数据,选择最佳的房室吸收模型,求出药代动力学参数,观察拟合药时浓度,用Graphpad Prism 5.0软件绘制拟合药-时曲线。

【实验结果】

1. 专属性考察

按建立的色谱条件,得到空白血浆、空白血浆加恩诺沙星对照品及给药后2 h动物血浆样品的色谱图,记录保留时间。

2. 标准曲线的绘制

以峰面积(Y)为纵坐标,其对应的浓度(X, μg/mL)为横坐标,进行线性回归分析,得到恩诺沙星的标准曲线方程。

3. 检测限及定量限

以信噪比≥10为标准,测定恩诺沙星的最低定量限;以信噪比≥3为标准,测定恩诺沙星的最低检测限。

4. 准确度、精密度、回收率的测定

在表3-5-1、表3-5-2、表3-5-3中统计结果。

5. 血药浓度-时间曲线绘制

以测定的血药浓度为纵坐标、时间为横坐标绘制药-时曲线。

表 3-5-1　恩诺沙星准确度的实验结果

药物	添加浓度/(μg/mL)	准确度(相对回收率)/%
恩诺沙星	0.05	
	1	
	10	

表 3-5-2　恩诺沙星精密度的实验结果

药物	添加浓度/(μg/mL)	精密度(RSD) 日内/%	日间/%
恩诺沙星	0.05		
	1		
	10		

表 3-5-3　恩诺沙星回收率的实验结果

药物	添加浓度/(μg/mL)	提取回收率/%
恩诺沙星	0.05	
	1	
	10	

6.药代动力学参数计算及分析

采用中国药理学会编制的3P97程序运行计算血药浓度和时间数据,选择最佳的房室模型,求出药代动力学参数,主要的药代动力学参数包括:体内的达峰时间(t_{peak})、血浆中峰浓度(C_{max})、吸收速率常数(Ka)、消除半衰期($t_{1/2\beta}$)、药-时曲线下面积(AUC)、清除率(CL)、表观分布容积(V_d)。

【思考题】

(1)采用高效液相测定药物浓度时应注意哪些问题?

(2)依据实验结果试述常用的药代动力学参数t_{peak}、C_{max}、Ka、$T_{1/2\beta}$、AUC、CL、V_d的意义。

第四部分

设计性实验

实验1　传出神经系统药物对犬血压的影响

【实验目的】

观察药物对犬血压的影响,并分析其作用机制。

【实验要求】

(1)证明去甲肾上腺素作用于α受体;

(2)证明肾上腺素作用于α受体和β受体;

(3)证明异丙肾上腺素作用于β受体;

(4)证明新斯的明与乙酰胆碱有协同作用;

(5)证明阿托品对M受体的阻断作用。

请首先阅读本节中的参考材料,然后自选药物和设计实验方法。证明去甲肾上腺素、肾上腺素、异丙肾上腺素及阿托品等作用于什么受体,新斯的明与乙酰胆碱有协同作用。

【实验材料及方法】

拟订实验方案,经小组答辩,通过后分组开展实验。

【实验结果】

进行分组汇报。

【思考题】

(1)本实验中如何证明乙酰胆碱的M样作用和N样作用?

(2)怎样证明肾上腺素、去甲肾上腺素及异丙肾上腺素对心血管α受体、β受体作用的异同?

【参考资料】

传出神经系统药物对犬血压的作用

取犬1只,称重,以3%戊巴比妥钠1 mL/kg(30 mg/kg)静脉(或腹腔)注射麻醉。麻醉后将犬仰位固定于手术台上,剪去颈部及右侧股沟部的毛,在颈部正中切开长约10 cm的皮肤,分离出气管并将其切开,插入气管套管,以粗线结扎固定。于气管旁分离出颈总动脉,结扎其远心端。在相距结扎处3~5 cm的近心端,用动脉夹夹住动脉阻断血流。然后在靠近结扎线处用眼科剪刀剪一小口,朝向心方向插入已充满20~25 mg肝素生理盐水或7%枸橼酸钠的动脉套管,用线结扎固定。将检压计的压力调整到100~120 mmHg。

于右侧腹股沟处,切开长约4 cm的皮肤,分离出股静脉,将其远心端结扎;在近心端剪一小口,朝向心方向插入已接在滴管上的静脉套管,结扎固定,以备给药和输液之用。在静脉套管插好固定后,打开滴管活塞输入生理盐水5 mL以检查静脉套管是否扎好,有无漏液。

分别在犬的四肢皮下组织插入针头,接好心电图机电极(右前肢—红色,左前肢—黄色,左后肢—蓝色,右后肢—黑色),记录标准Ⅱ导联的心电图,以R-R间期来计算心率。计算公式如下:

$$心率(次/min) = \frac{60\ s}{R-R间期 \times 0.04}$$

同时也可连接于示波器或电脑上,从荧光屏上观察心电图。注意心率变化和有无心律失常发生。以上步骤就绪后,开放动脉夹,将血压曲线描记于记纹鼓上(若应用记录仪描记血压,可以通过压力换能器,将血压曲线描记于记录仪上)。记录一段时间的正常血压后,按下列分组依次给药。每次给药后,都要注入生理盐水5 mL,以冲净管道内的药物,待药物作用消失后,再给下一个药。

观察每次给药后的血压和心电图的变化,并分析其变化的原理。

第一组:拟肾上腺素药实验

(1)生理盐水5 mL;

(2)10^{-4} IU 盐酸肾上腺素0.1 mL/kg(10 μg/kg);

(3)10^{-4} IU 重酒石酸去甲肾上腺素0.1 mL/kg(10 μg/kg);

(4)0.5% 盐酸麻黄碱0.05~0.1 mL/kg(0.25~0.5 mg/kg);

(5)10^{-5} IU 硫酸异丙肾上腺素0.1 mL/kg(10 μg/kg)。

比较上列拟肾上腺素药的血压曲线特点,心率有何变化,并分析其原理。

第二组：α受体阻断药实验

(1) 10^{-5} IU 盐酸肾上腺素液 0.2 mL/kg(2 μg/kg)；

(2) 2.5% 妥拉苏林液 0.1 mL/kg(2.5 mg/kg)，停 2 min 后再给下药；

(3) 10^{-5} IU 盐酸肾上腺素液 0.2 mL/kg(2 μg/kg)；

(4) 10^{-5} IU 重酒石酸去甲肾上腺素液 0.2 mL/kg(2 μg/kg)。

观察妥拉苏林对肾上腺素和去甲肾上腺素血压曲线的影响有何不同，为什么？

第三组：β受体阻断药实验

(1) 10^{-5} IU 硫酸异丙肾上腺素液 0.1 mL/kg(1 μg/kg)；

(2) 10^{-3} IU 盐酸心得安液 0.3 mL/kg(0.3 mg/kg)；

(3) 10^{-5} IU 硫酸异丙肾上腺素液 0.2 mL/kg(2 μg/kg)。

观察并分析心得安对异丙肾上腺素血压曲线及心率的影响。

第四组：拟胆碱药实验

(1) 10^{-6} IU 乙酰胆碱液 0.1 mL/kg(1 μg/kg)；

(2) 0.5% 水杨酸毒扁豆碱液 0.1 mL/kg(0.5 mg/kg)；

(3) 10^{-5} IU 乙酰胆碱液 0.1 mL/kg(1 μg/kg)。

比较毒扁豆碱使用前后，狗的血压曲线有何不同。

第五组：M受体阻断药实验

(1) 10^{-3} IU 硝酸毛果芸香碱液 0.1 mL/kg(0.1 mg/kg)，擦干唾液后再使用下药；

(2) 1% 硫酸阿托品液 0.1 mL/kg(1 mg/kg)；

(3) 10^{-3} IU 硝酸毛果芸香碱液 0.1 mL/kg(0.1 mg/kg)。

观察血压、唾液分泌及瞳孔的变化，分析阿托品对毛果芸香碱作用的影响。

第六组：乙酰胆碱烟碱样作用

(1) 0.5% 水杨酸毒扁豆碱液 0.1 mL/kg(如果动物在前面已用过此药，可以不再注射)；

(2) 1% 硫酸阿托品液 0.1 mL/kg(1 mg/kg)；

(3) 10^{-3} IU 乙酰胆碱液 5 mL(不计体重)。

观察血压有何变化，与第四组药物乙酰胆碱血压曲线比较有何不同。

第七组：神经节阻断药实验

(1) 2.5% 溴化六烃季铵液 0.1 mL/kg(2.5~25 mg/kg)；

(2) 1% 乙酰胆碱液 1 mL/kg；

与第六组药物乙酰胆碱血压曲线比较，有何不同？为什么？

【实验拓展】

应用MS-302多媒体化生物信号记录分析系统测定血压及心电图

MS-302是配置在微型计算机中的3通道生理信号测量分析系统,可以同时从生物体内或离体器官中获取3种电活动或压力、张力、位移等非电变量的模拟信号,经过信号调节,采样保持,模数转换,离散或数字值后由计算机处理,显示或打印出结果。

(一)应用MS-302多媒体化生物信号记录分析系统测定血压的实验步骤

(1)家兔称重,3%戊巴比妥钠1 mL/kg经耳缘静脉注射麻醉。

(2)固定,常规气管插管及分离左(或右)颈总动脉。

(3)将压力换能器插头与相应的通道输入插座相连,可选第2、3通道,压力腔内充满液体,排出气泡,经三通管与动脉导管相连。

(4)开启计算机,在MS-DOS下键入"MS302"✓。

(5)选"信号输入"✓→选"通道2"或"通道3"✓→选"压力"✓→"自动调零"✓(此时压力腔应与大气相通)。

(6)将充满肝素溶液(0.01%肝素)的动脉导管插入预先分离的颈总动脉,结扎固定后打开三通管和动脉夹,即有压力信号输入换能器。

(7)增益选择一般为1 mV/cm或1/2挡。

(8)图形打印:如对所作图形满意,即实时打印,选"打印选择"✓,选择要打印的通道在打印状态,再按F9即可打印。

(9)图形记录及储存:如对图形满意,按ESC键,从"监视状态"转为"记录状态"即可对所作图形进行记录和储存(可自行命名和以时间先后命名)。当实验结束后,可选择"重显资料"对所存图形进行复习。

(10)重显资料:选"重显资料"后按自己的文件名选择,并按F4,选重显速度,使之缓慢重显,并可对图形进行剪辑、打印。

注意:

(1)实验标记:当在实验中加入药物需做标记时按F2✓→选择通道✓→用←、→、↑、↓键找到已标出的药物名称→按✓即可在图形上标出该名称,如无适当标记可选,则按ESC,在相应通道上自动生成↑(标记号)和标记次序的数字。

(2)压力定标:选"参数设置"→定标选择→PageDown→压力信号定标→选通道→按✓,经血压计与传感器相连,达到75 mmHg(10 kPa),此时可见基线上移,上移高度与增益有关,增益可适当加大,以高度不消项为宜。高度稳定后,按任一键,选"确认定标"。

(二)心电记录

(1)将心电电缆插头插入1A通道。

(2)开机,进入MS3-02✓。

(3)接好动物肢体导联。

(4)"信号选择"✓→"通道1选择"✓→"自动频带"✓→"心电"✓→"Ⅱ"✓。

(5)选择增益在1 mV/cm或1/2 mV/cm。

(6)限速选择,选50 mm/s。

(7)如需换导联,重复第(4)步骤。

(8)如对所观察图形满意,可按ESC,从"监视状态"转到"记录状态",停止记录时,又按ESC,选"监视状态"或结束实验。

实验2　药物对离体肠道平滑肌的作用

【实验目的】

学习离体平滑肌器官的实验方法，观察药物对离体肠管的作用并分析作用机制。

【实验要求】

(1)设计实验证明毒扁豆碱与乙酰胆碱的作用原理有所不同。
(2)设计实验证明肾上腺素和阿托品作用于不同受体。

请首先阅读本节中的参考材料，然后自选药物和设计实验，证明毒扁豆碱与乙酰胆碱的作用原理有所不同，肾上腺素和阿托品作用于不同受体。

【实验材料及方法】

拟订实验方案，经小组答辩，通过后分组开展实验。

【实验结果】

进行分组汇报。

【思考题】

如何根据实验结果，证明毒扁豆碱与乙酰胆碱的作用原理有所不同，肾上腺素和阿托品作用于不同受体。

【实验报告要点】

以描图和文字记述正常离体肠道平滑肌的张力和舒缩情况、加入各种药物后的反应，并根据实验结果围绕药物对离体肠道平滑肌的作用作适当讨论。

【参考资料】

参照下述方法，由学生自行设计加药步骤。

1. 取制肠段标本

取空腹家兔1只,左手执骼上部,右手持木槌,猛击家兔枕骨部致死。迅速开腹,剪取整个空肠及回肠上半段,迅速置于冷台氏液中,除去肠系膜,用台氏液将肠内容物冲洗干净,剪成长约2 cm的小段,放入盛有台氏液的培养皿内备用。多余肠管如不及时应用,可剪成数段,连同台氏液置于4 ℃冰箱中保存,12 h内仍可使用。

2. 装于台氏浴槽

在肠段两端用缝针各穿一线,将肠段的一端系在通气管的小钩上。将通气管连同肠段放入盛有(38±0.5)℃台氏浴槽内(台氏液量30 mL),以双凹夹将通气管的另一端固定在铁皮支架上,使充满空气的球胆和通气管相连,微微开启球胆橡胶管上的螺旋夹,使球胆内的空气以每秒2个气泡的速度从通气管尖端的小孔逸出,供给肠肌以氧气。

3. 标本连接及记录

肠段另端的一线系于张力换能器的小钩上,将换能头输出线与电源部分的输入插座相连,电源部分的输出线连接于记录仪。浴槽中的肠肌承受约1 g的拉力。开动记录仪,记录一段正常收缩曲线,然后依次用药。

(1)加0.001%氯乙酰胆碱溶液0.1 mL,记录结果,当肠段收缩明显时,立即加入(2)。

(2)0.1%硫酸阿托品溶液0.1 mL,观察对肠段收缩的影响。收缩曲线下降到基线时再加入(3)。

(3)0.001%氯乙酰胆碱溶液,剂量同(1),记录结果,如作用不明显,接着追加(4)。

(4)0.001%氯乙酰胆碱溶液0.1 mL,观察此时肠段有无收缩,3 min后更换浴槽中的台氏液3次。

(5)0.002%肾上腺素溶液0.2 mL,观察对肠段的舒张作用,待作用明显后,用台氏液冲洗肠段3次。

(6)0.3%普萘洛尔溶液0.2 mL,接触2~3 min后,加入肾上腺素,剂量同(5),与首次用肾上腺素时的结果比较,观察有何不同,观察结束后用台氏液冲洗肠段3次。

(7)加入0.001%毒扁豆碱溶液0.2 mL,当作用明显时,加入0.1%硫酸阿托品溶液0.1 mL,观察对肠段收缩的影响。

【注意事项】

(1)注意控制浴槽的水温,调节肠肌的张力,否则均可影响肠段的收缩功能及对药物的反应。

(2)方法中的用药量以麦氏浴槽中有 30 mL 左右的台氏液为准。如台氏液的容量有所改变,用药量亦应相应调整。

注:本实验既可用兔肠来做,也可用豚鼠肠来做,但两者有如下区别。

(1)兔肠的肌层较厚,通气最好用 $95\%O_2+5\%CO_2$,用药后须多换几次台氏液,才能将药物洗去;豚鼠肠的肌层较薄,一般通气即可,洗去药物也较容易。

(2)兔肠的肌层较厚,收缩力较强,以加 1 g 左右的负荷为宜;豚鼠肠的肌层薄,收缩力较弱,以加 0.5 g 左右的负荷为宜。

(3)兔肠的腔道较宽,自发收缩也较多,剪成短段置于台氏液中后,其内容物可自动洗出;豚鼠肠需小心地向肠管内滴加台氏液将其中的内容物洗出。

(4)兔的肠段自发活动较多,适宜于做观察药物对肠运动影响的实验;豚鼠肠自发活动较少,基线稳定,适宜于做生物检定(特别是组胺)的实验。

实验3　联合药敏实验

【实验目的】

掌握联合药敏实验的实验方法。

【实验要求】

(1)设计实验,证明两种抗菌药物的协同作用。
(2)设计实验,证明两种药物的拮抗作用。

请自行查阅参考材料,然后自选药物和设计实验方法,分别证明两种抗菌药物的协同作用及拮抗作用。

【实验材料及方法】

拟订实验方案,经小组答辩,通过后分组开展实验。

【实验结果】

进行分组汇报。

【思考题】

(1)临床联合用药有哪些指征?
(2)分别举例说明药物的协同、拮抗作用,并阐述其机制。

实验4　动物源氟喹诺酮类药物耐药大肠杆菌 *gyrA* 基因的序列分析

【实验目的】

(1)掌握聚合酶链式反应(PCR)扩增目的基因的原理及方法。
(2)掌握PCR产物的检测、目的基因的突变位点分析方法。

【实验要求】

(1)测定受试菌3种以上喹诺酮类药物(分别为二、三、四代)的MIC值。
(2)设计实验,PCR检测动物源氟喹诺酮类药物耐药大肠杆菌 *gyrA* 基因。
(3)进行 *gyrA* 序列测定及基因的突变位点分析。

请自行查阅参考材料,设计实验,PCR检测动物源氟喹诺酮类药物耐药大肠杆菌 *gyrA* 基因,并进行 *gyrA* 基因的突变位点分析。

【实验材料及方法】

拟订实验方案,经小组答辩,通过后分组开展实验。

【实验结果】

进行分组汇报。

【思考题】

(1)为何不同氟喹诺酮类药物抗菌效果会有差异?
(2)试述氟喹诺酮类药物常见的耐药机制。
(3)简述氟喹诺酮类药物耐药性的控制措施。

附录

一　处方常用拉丁文缩写

拉丁文缩写	中文意义	拉丁文缩写	中文意义
aa.	各	s.s	一半
et.	及、和	q.s	适量
sig.(S.)	用法、指示	Ad.	加至
a.m.	上午	p.m.	下午
Aq.	水	Aq.dest.	蒸馏水
St.(Stat.)	立即、急速	Ft.	配成
q.h.	每小时	Dil.	稀释
q.d.	每日1次	M.D.S.	混合后给予
B.i.d.	每日2次	Co.(Comp.)	复方的
T.i.d.	每日3次	Mist.	合剂
Q.i.d.	每日4次	Pulv.	散剂
q.4h.	每4小时1次	Amp.	安瓿剂
p.o.	口服	Emul.	乳剂
ad us.int.	内服	Tr.	酊剂
ad us.ext.	外用	Neb.	喷雾剂
H.H	皮下注射	Ung.	软膏剂
i.m.M	肌肉注射	Tab.	片剂
i.v.V	静脉注射	Inj.	注射剂
iv gtt.	静脉滴注	Caps.	胶囊剂
i.g.	灌胃	Liq.	溶液剂
i.p.	腹腔注射	Ol.	油剂
Inhal.	吸入	Syr.	糖浆剂
No.(N.)	数目、个	Lot.	洗剂
p.r.n.	必要时	L.inim.	擦剂
s.o.s.	需要时	agit.	振荡

二　常用实验动物的最大给药体积和使用针头规格

动物名称	项目	灌胃	皮下注射	肌内注射	腹腔注射	静脉注射
小鼠	最大给药量	1 mL	0.5 mL	0.4 mL	1 mL	0.8 mL
	使用针头	灌胃针	5(1/2)	5(1/2)	5(1/2)	4
大鼠	最大给药量	2 mL	1 mL	0.5 mL	2 mL	2 mL
	使用针头	灌胃针	6	6	6	5
豚鼠	最大给药量	3 mL	2 mL	0.5 mL	4 mL	5 mL
	使用针头	灌胃针	6(1/2)	6(1/2)	7	5
兔	最大给药量	20 mL	4 mL	2 mL	5 mL	10 mL
	使用针头	胃导管(10号)	6(1/2)	6(1/2)	7	6
猫	最大给药量	20 mL	10 mL	5 mL	15 mL	15 mL
	使用针头	胃导管(10号)	7	7	7	6
蛙	淋巴囊注射,最大注射量为 1 mL/只					

三　人和动物间按体表面积折算的等效剂量比值表

类别	小鼠 (20 g)	大鼠 (200 g)	豚鼠 (400 g)	家兔 (1.5 kg)	猫 (2.0 kg)	猴 (4.0 kg)	犬 (12 kg)	人 (70 kg)
小鼠(20 g)	1.0	7.0	12.25	27.8	29.7	64.1	124.2	378.9
大鼠(200 g)	0.14	1.0	1.74	3.9	4.2	9.2	17.8	56.0
豚鼠(400 g)	0.08	0.57	1.0	2.25	2.4	5.2	4.2	31.5
家兔(1.5 kg)	0.04	0.25	0.44	1.0	1.08	2.4	4.5	14.2
猫(2.0 kg)	0.03	0.23	0.41	0.92	1.0	2.2	4.1	13.0
猴(4.0 kg)	0.016	0.11	0.19	0.42	0.45	1.0	1.9	6.1
犬(12 kg)	0.008	0.06	0.10	0.22	0.23	0.52	1.0	8.1
人(70 kg)	0.002 6	0.018	0.031	0.07	0.078	0.16	0.82	1.0

四　动物与人体的每千克体重剂量折算系数表

折算系数 w		A组动物或成人						
		小鼠 (20 g)	大鼠 (200 g)	豚鼠 (400 g)	兔 (1.5 kg)	猫 (2.0 kg)	犬 (12 kg)	成人 (60 kg)
B组动物或成人	小鼠(20 g)	1.0	1.6	1.6	2.7	3.2	4.8	9.01
	大鼠(200 g)	0.7	1.0	1.14	1.88	2.3	3.6	6.25
	豚鼠(400 g)	0.61	0.87	1.0	1.65	2.05	3.0	5.55
	兔(1.5 kg)	0.37	0.52	0.6	1.0	1.23	1.76	2.30
	猫(2.0 kg)	0.30	0.42	0.48	0.81	1.0	1.44	2.70
	犬(12 kg)	0.21	0.28	0.34	0.56	0.68	1.0	1.88
	成人(60 kg)	0.11	0.16	0.18	0.304	0.371	0.531	1.0

五　不同种类动物间剂量换算时的常用数据

动物种类	Mech Rubner 公式的 K 值	体重/kg	体表面积/m²	mg/kg-mg/m²转换因子		每千克体重占有体表面积相对比值
小鼠	9.1	0.018 0.020 0.022 0.024	0.006 3 0.006 7 0.007 1 0.007 6	2.9 3.0 3.1 3.2	粗略值3	1.0(0.02 kg)
大鼠	9.1	0.10 0.15 0.20 0.25	0.019 6 0.025 7 0.031 1 0.036 1	5.1 5.8 6.4 6.9	粗略值6	0.47(0.20 kg)
豚鼠	9.8	0.30 0.40 0.50 0.60	0.043 9 0.053 2 0.061 7 0.069 7	6.8 7.5 8.1 8.6	粗略值8	0.4(0.40 kg)
家兔	10.1	1.5 2.0 2.5	0.132 3 0.160 3 0.186 0	11.3 12.4 13.4	粗略值12	0.24(2.0 kg)
猫	9.9	2.0 2.5 3.0	0.151 7 0.182 4 0.205 9	12.7 13.7 14.6	粗略值14	0.22(2.5 kg)
犬	11.2	5.0 10.0 15.0	0.327 5 0.519 9 0.681 2	15.3 19.2 22.0	粗略值19	0.16(10 kg)
猴	11.8	2.0 3.0 4.0	0.187 3 0.245 5 0.297 3	10.7 12.2 13.5	粗略值12	0.24(3.0 kg)
人	10.6	40.0 50.0 60.0	1.239 8 1.438 5 1.624 6	32.2 34.8 36.9	粗略值35	0.08(50 kg)

六　实验动物常用全身麻醉药物的作用特点与用药剂量

药名	动物	给药途径	浓度/%	给药量/[mL/(kg.w)]	维持时间	副作用
戊巴比妥钠	大、小鼠	腹腔	2	2~3	3~5 h	呼吸、循环抑制作用,过量可致死
	豚鼠	腹腔	2	2.0~2.5		
	犬、家兔	静脉	3	1		
氨基甲酸乙酯（乌拉坦）	犬、家兔	静脉	20	2.5~3.3	2~4 h	对肝及骨髓有毒性,只适用于急性实验
	大,小鼠	腹腔	10	1.5 mL/100 g		
氯胺酮	家兔、犬	静脉	1	0.3~0.5	30 min	大剂量可引起尿路阻塞,有负性心力作用
	大鼠	肌内	—	0.6 mL/100 g		
	豚鼠	腹腔	1	0.8 mL/100 g		
水合氯醛	各种动物	肌内	—	—	3~4 h	大剂量可引起心脏抑制、血压下降
硫喷妥钠	各种动物	静脉/腹腔	—	10~20 mg/kg	15~30 min	对呼吸有一定抑制作用,常有喉头痉挛

七 兽医药理学常用实验动物的生理常数

动物种类	猴	犬	猫	兔	小鼠	大鼠	豚鼠
寿命/年	7~30	10~20	约10	7~8	1.5~2	2~2.5	2~8
成年时体重/kg	3~15	6~15	2~4	1.5~4	0.02	0.2~0.5	0.3~0.6
性成熟时间	24~42月	雄:6月 雌:6~8月	7~8月	8月	雄:35~40天 雌:45~60天	60天	雄30~45天 雌:70天
生殖期限/年	10	6	4	4	1	1.5	3
动情期/日	春秋	14~21 春秋	15~28 春秋	15	4~5	4~5	12~28
交配期/日	—	7~14	7~14	2~4	1	1	2~3
孕期/日	170	58~63	55~68	30~35	18~22	22~24	60~72
每胎产子数/只	1	3~8	3~6	1~13	6~13	6~14	1~6
哺乳期/日	150	28~35	28~35	45	17~21	20~25	15
体温/℃	38.5	38.5	39	38.5~39.5	37.7~38.7	37.8~38.7	39~40
呼吸/(次/分)	35~52	20~30	30~60	50~100	84~230	66~114	110~150
心率/(次/分)	165~240	100~240	180~220	215~330	300~657	260~460	256~287
血压/mmHg 收/舒	150(137~188) / 127(112~152)	112(95~136) / 56(43~56)	120(100~150) / 80(60~90)	110(95~136) / 80(60~90)	113(95~125) / 81(67~90)	129(88~184) / 91(58~145)	77(28~140) / 47(16~90)
一日排尿量/L	—	0.2~1	0.2	0.1	—	—	0.1
全血量/(mL/100 g体重)	—	9.0	9.0	7.2	7.78	6.3	5.8
血红蛋白/(g/L)	13~150	150	112	124	90~148	100~148	153
红细胞/(百万/mm^3)	5~7	6~8.5	5.5~8.5	6~8	12-16	12-16	5~6
白细胞/(千/mm^3)	20~25	12(8~18)	16(9~24)	9(6~13)	10(7~19)	10(7~19)	8(5~15)
淋巴细胞/%	64	20	31	20~90	68	60~75	55~75
单核细胞/%	1	5.2	4	1~4	4	2.3	3~12
嗜中性粒细胞/%	11~35	70	59.5	8~50	25.5	22	18~35
嗜酸性粒细胞/%	4	4	5.5	1~3	2	2.2	1~5
嗜碱性粒细胞/%	0.1	—	—	0.5~30	0.5	0.5	0~13
血小板/(万个/mm^3)	—	32.6	25.0	40.0	93.0	12.4	78.3

八 抗菌药物原液的配制和保存期限

抗菌药物	溶剂	浓度/(U/mL 或 μg/mL)	保存条件及期限 −20℃	保存条件及期限 4℃
青霉素G	pH 6.0 磷酸盐缓冲液	1 280	3个月	1周
半合成青霉素类	pH 6.0 磷酸盐缓冲液	1 280	3个月	1周
头孢菌素类	pH 6.0 磷酸盐缓冲液	1 280	3个月	1周
氨基糖苷类	pH 7.8 磷酸盐缓冲液	1 280	3个月	4周
四环素类	pH 4.5 磷酸盐缓冲液	1 280	3个月	1周
多黏菌素B硫酸盐	pH 6.0 磷酸盐缓冲液	1 280	3个月	2周
林可霉素	pH 7.8 磷酸盐缓冲液	1 280	3个月	2周
氯霉素	先用少量乙醇溶解，再用pH 6.0 缓冲液稀释	1 280	长期保存	长期保存
利福平	先用甲醇溶解，再用蒸馏水稀释	1 280	3个月	2周
两性霉素B	无菌蒸馏水	1 280	3个月	1周
甲氧苄氨嘧啶	先用0.05 mol/L 乳酸溶解，再用蒸馏水稀释	1 280	长期保存	长期保存
磺胺	先用NaOH/乳酸溶解，再用蒸馏水稀释	25 600	长期保存	长期保存

九　兽医药理学4种特殊试剂的保存方法

1. 氯化乙酰胆碱

本试剂在一般水溶液中易水解失效,但在pH为4的溶液中则比较稳定。如以5%(4.2 mol/L)的NaH_2PO_4溶液配成0.1%(6.1 mol/L)左右的氯化乙酰胆碱溶液贮存,用瓶子分装,密封后存放在冰箱中,可保持药效约1年。临用前用生理盐水稀释至所需浓度。

2. 盐酸肾上腺素

肾上腺素为白色或类白色结晶性粉末,具有强烈的还原性,尤其在碱性液体中,极易氧化失效,只能以生理盐水稀释,不能以任氏液或台氏液稀释。盐酸肾上腺素的稀溶液一般只能存放数小时。如在溶液中添加微量(10 mmol/L)抗坏血酸,则其稳定性可显著提高。肾上腺素与空气接触或受日光照射,易氧化变质,应贮藏在遮光、阴凉、减压环境中。

3. 磷酸组胺

本品为无色长菱形的结晶,在日光下易变质,在酸性溶液中较稳定。可以仿照氯乙酰胆碱的贮存方法贮存,临用前以生理盐水稀释至所需浓度。

4. 催产素及垂体后叶激素

它们在水溶液中也易变质失效。但如以0.25%(0.4 mol/L)的乙酸或盐酸溶液配制成每1 mL含催产素或垂体后叶激素1U的贮存液,用小瓶分装,灌封后置冰箱中保存(4 ℃左右,不宜冰冻),可保持药效约3个月。临用前用生理盐水稀释至适当浓度。如发现催产素或垂体后叶激素的溶液中出现沉淀,不可使用。

十　实验动物的摄食量、饮水量及饲养密度

动物类别	摄食量/(g/d)	饮水量/(mL/d)	笼养面积/(m²/只)	
			单笼饲养	集体笼饲
小鼠	4~6	6(妊娠哺乳期10~20)	0.01~0.06	0.013 5~0.006 7
大鼠	12~15	35	0.03~0.06	0.044 0~0.017 5
豚鼠	20~30	80~150	0.06	0.088 0~0.044 0
家兔	100~120	250~300(哺乳期>100)	0.27	—
猫	70~80	250	0.27	—
狗	600~800	100~150 (mL/kg)	0.72~1.08	—

参考文献

[1]陈杖榴,曾振灵.兽医药理学:第4版[M].北京:中国农业出版社,2017.

[2]沈建忠.动物毒理学:第2版[M].北京:中国农业出版社,2011.

[3]曾振灵.兽医药理学实验指导[M].北京:中国农业出版社,2009.

[4]孙志良,罗永煌.兽医药理学实验教程:第2版[M].北京:中国农业大学出版社,2015.

[5]王丽平.兽医药理学实验指导[M].北京:中国农业出版社,2014.

[6]马红霞.动物药理学实验指导[M].长春:吉林出版集团有限责任公司,2008.

[7]赵红梅,苏加义.动物机能药理学实验教程[M].北京:中国农业大学出版社,2007.

[8]徐淑云.药理实验方法学[M].北京:人民卫生出版社,1982.

[9]吴增春,沙红.药理实验教程[M].武汉:华中科技大学出版社,2012.

[10]谭毓治.药理学实验指导[M].广州:广东高等教育出版社,2000.

[11]温海深,张沛东,张雅萍.现代动物生理学实验技术[M].青岛:中国海洋大学出版社,2009.

[12]甫拉提·吐尔逊,向阳,王晓梅.生理学实验[M].武汉:华中科技大学出版社,2012.

[13]王庭槐.生理学实验教程[M].广州:广东科技出版社,2004.

[14]钱之玉.药理学实验与指导:第2版[M].北京:中国医药科技出版社,2010.